Érica Marusa Pergo-Coelho

Alterações diferenciais da atividade respiratória em plantas

Érica Marusa Pergo-Coelho

Alterações diferenciais da atividade respiratória em plantas

Atividade das enzimas antioxidantes e peroxidação lipídica em duas espécies de ervas daninhas

ScienciaScripts

Imprint

Cover image: www.ingimage.com

This book is a translation from the original published under ISBN 978-3-330-33063-4.

Publisher:
Sciencia Scripts
is a trademark of
Dodo Books Indian Ocean Ltd. and OmniScriptum S.R.L publishing group

120 High Road, East Finchley, London, N2 9ED, United Kingdom
Str. Armeneasca 28/1, office 1, Chisinau MD-2012, Republic of Moldova, Europe
Printed at: see last page
ISBN: 978-620-7-88062-1

ERICA MARUSA PERGO COELHO

relação entre a atividade respiratória e a atividade do sistema antioxidante das ervas *ipomoea triloba* l. e *senna obtusifolia* l. DURANTE A GERMINAÇÃO E O CRESCIMENTO INICIAL

[a]*Orientador: Dra. Emy Luiza Ishii-Iwamoto*

Resumo do conteúdo

BIOGRAFIA

Erica Marusa Pergo Coelho nasceu em 06/12/1980 em Nova Esperanga/PR. Possui graduação em Ciências da Vida pela Universidade Estadual de Maringá (2003) e mestrado em Ciências da Vida - Biologia Celular e Molecular pela Universidade Estadual de Maringá (2005). Atualmente é professora do Departamento de Bioquímica da Universidade Estadual de Maringá. Tem experiência na área de Bioquímica, particularmente no campo das oxidações biológicas de plantas.

RESUMO

INTRODUÇÃO: A germinação das sementes é uma fase crucial do ciclo de vida das plantas. Quando as sementes secas e dormentes absorvem água, o seu consumo de oxigénio aumenta e o metabolismo energético torna-se muito ativo, permitindo a biossíntese de macromoléculas e o transporte de solutos necessários para a germinação completa. A fonte metabólica de ATP requer o funcionamento da fosforilação oxidativa nas mitocôndrias na fase inicial do processo de germinação. A reativação do metabolismo mitocondrial é também uma fonte importante de espécies reactivas de oxigénio (ROS). Em condições de normoxicidade, cerca de 2 a 3% do oxigénio consumido pelas mitocôndrias pode ser convertido em superóxido e H_2O_2. As alterações na homeostase das ERO resultam de uma mudança no equilíbrio entre os processos de produção e de captura de ERO. As plantas possuem compostos antioxidantes solúveis, como o ácido ascórbico, a vitamina E e o glutatião, bem como uma série de enzimas protectoras e reparadoras que podem destruir eficazmente os radicais superóxidos e o peróxido de hidrogénio. Estas enzimas incluem a superóxido dismutase (SOD), a catalase (CAT), as peroxidases (POD), as enzimas do sistema tioredoxina e as enzimas do ciclo ascorbato-glutatião.

OBJECTIVOS: Existem poucos estudos sobre as relações entre a atividade respiratória mitocondrial e a atividade do sistema de defesa antioxidante durante a germinação das sementes e o crescimento inicial das plântulas, particularmente em espécies infestantes. A capacidade de germinação das sementes de ervas daninhas pode estar ligada, pelo menos em parte, à capacidade das sementes de gerar e regular as ROS, o que permite o seu efeito de sinalização e também aumenta a proteção contra os seus efeitos nocivos. O objetivo deste trabalho foi, portanto, estudar, em duas espécies diferentes de infestantes, *Ipomoea triloba* L. e *Senna obtusifolia* L., a relação entre a reativação da atividade respiratória e as actividades das principais enzimas antioxidantes durante a germinação e o crescimento inicial das plântulas. Foram também estudadas as reacções das duas espécies de ervas daninhas a diferentes aleloquímicos.

MÉTODOS: Sementes de *Ipomoea triloba* L. e *Senna obtusifolia* L. foram germinadas em placas de plástico contendo 10 ml de água destilada ou 500 LIM de aleloquímicos (ácido vanílico, ácido p-cumárico, ácido protocatecuico, ácido ferúlico, ácido cafeico, cafeína, ácido aconítico, quercetina, rutina, cumarina, eucaliptol, cânfora, a-pineno e limoneno). As placas foram colocadas numa câmara de germinação programada para um fotoperíodo de 12 horas a 30°C. As sementes foram colocadas numa câmara de germinação. As sementes que germinaram após 24, 48 e 72 horas foram seleccionadas para testes de crescimento durante os quais foram medidos o comprimento, o peso fresco e o peso seco do hipocótilo e das raízes primárias. O consumo de oxigénio dos eixos embrionários, cotilédones ou raízes primárias de *I. triloba* e *S. obtusifolia foi* medido por polarografia a 25°C utilizando um elétrodo de Clark numa câmara de Plexiglas fechada. As medições foram efectuadas após 12, 24, 36 e 48 horas de incubação. As amostras foram pesadas e colocadas no recipiente do elétrodo de oxigénio. As taxas de absorção de oxigénio foram calculadas a partir dos registos polarográficos.

Para determinar as actividades da álcool desidrogenase (ADH), da lipoxigenase (LOX) e das enzimas antioxidantes, amostras de aproximadamente 200 mg de peso fresco de embriões, cotilédones ou raízes primárias foram colocadas num almofariz e cuidadosamente misturadas com meios de extração específicos. Os extractos foram depois centrifugados e o sobrenadante foi decantado e utilizado como fonte de enzimas. $^{+}$A atividade da ADH foi avaliada como a taxa de redução inicial de NAD na presença de n-propanol a 340 nm. A atividade da POD foi avaliada como a taxa de formação de tetraguaicol na presença de H2O2 e guaiacol a 470 nm. A atividade da CAT foi avaliada como a taxa de consumo de H2O2 a 240 nm. A atividade da ascorbato peroxidase (APX) foi medida como a taxa de oxidação do ascorbato na presença de H2O2 a 290 nm. A atividade da glutatião redutase (GR) foi determinada como a diminuição da absorvância a 340 nm devida à oxidação do NADPH na presença de GSSG. A atividade da SOD foi calculada como a quantidade de enzima necessária para causar uma inibição de 50% da fotorredução do nitroblue-tetrazolium (NBT) na presença de riboflavina a 560 nm. A atividade da LOX foi medida por polarografia, utilizando um elétrodo de oxigénio de Clark, acompanhando o consumo de oxigénio na presença de ácido linolénico. O teor de glutatião reduzido e oxidado foi determinado por GR e NADPH na ausência de в-vinilpiridina. O grau de peroxidação lipídica foi medido com o malondialdeído (MDA), que reage com o ácido tiobarbitúrico.

Resultados: Os principais resultados foram os seguintes:

1. A atividade respiratória dos embriões e cotilédones de *I. triloba* foi significativamente mais elevada do que a de *S. obtusifolia.* No entanto, foram observados valores semelhantes para a atividade respiratória das raízes primárias. Por outro lado, a atividade da ADH nos embriões e cotilédones de *S. obtusifolia* foi significativamente mais elevada.
2. A atividade da LOX nos embriões de *I. triloba* foi mínima, mas aumentou significativamente após a conclusão da germinação das sementes. Em *S. obtusifolia,* a atividade enzimática *foi* quase duas ordens de magnitude menor do que em *I. triloba.*
3. A atividade da SOD foi detectada em embriões de ambas as espécies. No entanto, a atividade foi mais elevada em *I. triloba* (+28%) do que em *S. obtusifolia.* Após a germinação, a atividade da SOD nos cotilédones de ambas as espécies não diferiu da dos seus embriões. Nas raízes primárias de ambas as espécies, a atividade da SOD foi mais elevada do que nos cotilédones correspondentes.
4. Em *I. triloba*, o padrão de alterações na atividade da CAT foi muito semelhante ao da atividade da SOD. No entanto, essa correlação não *foi*

observada em *S. obtusifolia*.

5. A atividade da POD foi significativamente mais elevada nos embriões e plântulas de *I. triloba* em comparação com *S. obtusifolia*. A atividade da POD nos cotilédones de *I. triloba* não foi diferente da dos embriões e não se alterou durante o período subsequente de crescimento da planta. No entanto, a atividade nas raízes primárias aumentou após 36 horas.
6. A atividade da GR em embriões de *S. obtusifolia* foi aproximadamente 2,0 vezes superior à de *I. triloba*, tendo sido observado um aumento progressivo durante o período de crescimento.
7. Não foi observada atividade da APX nos embriões de nenhuma das espécies. Uma vez terminada a germinação, a atividade enzimática foi observada nas raízes primárias, com um aumento progressivo durante o período de crescimento.
8. *I. triloba* e *S. obtusifolia* reagiram de forma diferente aos aleloquímicos estudados e apresentaram diferentes sensibilidades. Em geral, os índices de germinação de *I. triloba* não foram alterados, mas o crescimento das plântulas foi afetado. Em contrapartida, a germinação de *S. obtusifolia* foi modificada por vários aleloquímicos, mas houve pouca alteração nos parâmetros de crescimento das plântulas. Entre os derivados fenólicos, o ácido ferúlico e o ácido p-cumárico tiveram um *efeito maior* sobre os parâmetros de crescimento de *I. triloba do* que o ácido vanílico, o ácido protocatecuico e o ácido cafeico. O flavonoide quercetina actuou sobre a *I. triloba*, enquanto a rutina foi inativa. O eucaliptol, a cânfora, o a-pineno e o limoneno não influenciaram os índices de germinação de nenhuma das espécies, mas influenciaram pelo menos um parâmetro de crescimento de ambas as espécies. O ácido aconítico foi praticamente inativo e a cumarina foi o composto mais ativo em ambas as espécies estudadas.
9. Todos os aleloquímicos seleccionados, com exceção da cumarina,

estimularam a respiração das raízes primárias insensíveis ao KCN em ambas as espécies.

Em *I. triloba, o a-pineno* aumentou as actividades GR e POD, a cumarina estimulou a atividade POD e o ácido ferúlico estimulou as actividades GR e CAT. O alfa-pineno também aumentou a atividade da LOX e o teor de MDA nas raízes primárias de *I. triloba.* Não *foram observadas* alterações significativas em *S. obtusifolia.*

DISCUSSÃO E CONCLUSÕES: A nossa análise comparativa de duas espécies de ervas daninhas revelou que cada espécie apresenta algumas características diferentes em termos das suas actividades respiratórias e sistemas de defesa antioxidante durante a germinação e o crescimento inicial das plântulas. Em ambas as espécies, a formação de ROS parece começar cedo no período de germinação e pode estar relacionada com o reinício da respiração mitocondrial. A SOD e a CAT foram provavelmente as enzimas decisivas envolvidas na neutralização das ERO, uma vez que foram observadas actividades significativas em ambas as espécies a partir do período de imbibição, ao contrário das outras enzimas estudadas. A maior atividade respiratória da *I. triloba foi* acompanhada por um aumento das actividades da superóxido dismutase, da peroxidase e da lipoxigenase, sugerindo que a rápida retoma do metabolismo aeróbico durante a imbibição das sementes permitiu uma germinação rápida das sementes, mas também favoreceu a produção de ROS. O sistema de defesa antioxidante de *I. triloba* foi capaz de prevenir os efeitos oxidativos nocivos da cumarina, da quercetina e do ácido ferúlico nas membranas, mas não os causados pelo a-pineno. As diferenças entre espécies na taxa de metabolismo respiratório mitocondrial e nos sistemas de defesa antioxidante podem determinar o sucesso das espécies de ervas daninhas na germinação e crescimento em condições ambientais desfavoráveis.

Diferentes alterações na atividade respiratória, na atividade das enzimas antioxidantes e na peroxidação lipídica em duas espécies de infestantes, *Ipomoea triloba* L. e *Senna obtusifolia* L., durante a imbibição das sementes, a germinação e o crescimento inicial

Erica Marusa Pergo e Emy Luiza Ishii-Iwamoto*

Laboratório de Oxidação Biológica, Departamento de Bioquímica, Universidade de Maringá,
87020900 Maringá, Brasil.

RESUMO

O objetivo do presente estudo foi examinar a possível ligação entre as alterações no metabolismo energético e o sistema de defesa antioxidante em duas espécies de ervas daninhas, *Ipomoea triloba* L. e *Senna obtusifolia* L.. A atividade respiratória e as actividades da álcool desidrogenase (E.C. 1.1.1), superóxido dismutase (SOD, EC 1.15.1.1.), catalase (CAT, EC 1.11.1.6), peroxidase (POD, EC 1.11.1.7), ascorbato peroxidase (APX, EC 1.11.1.11), glutationa redutase (GR, EC 1.6.4.2) e lipoxigenase (LOX, EC 1.13.11.12) foram medidas durante a germinação e o crescimento inicial das plântulas. A atividade respiratória foi significativamente mais elevada nos embriões de *I.*

*Autor correspondente
Pertencente: Laboratório de oxidação biológica,
Departamento de Bioquímica,
Universidade de Maringá, 87020900 Maringá, Brasil.
Correio eletrónico: eliiwamoto@uem.br
Fax: 55-44-32614896

triloba do que nos embriões de *S. obtusifolia, tendo sido* observada a tendência oposta para a atividade da ADH. Todas as enzimas antioxidantes estavam presentes nos embriões de ambas as espécies, com exceção da APX, que estava presente apenas nas raízes primárias. As actividades das enzimas antioxidantes aumentaram após o fim da germinação, particularmente nas raízes primárias. A SOD e a CAT foram provavelmente as enzimas cruciais envolvidas na neutralização das ROS, uma vez que estavam presentes em ambas as espécies, ao contrário de outras enzimas como a POD e a GR. *A S. obtusifolia* tinha uma atividade GR mais elevada, mas uma atividade POD mais baixa em comparação com a *I. triloba*. A constatação de que a maior atividade respiratória de *I. triloba foi* acompanhada por um aumento das actividades da superóxido dismutase, peroxidase e lipoxigenase sugere que a rápida retoma do metabolismo aeróbico durante a imbibição das sementes permitiu uma germinação rápida das sementes, mas também promoveu a produção de ROS. O sistema de defesa antioxidante de *I. triloba* foi aparentemente incapaz de proteger as suas plântulas quando as condições de stress oxidativo foram reforçadas pela ação do aleloquímico a-pineno.

INTRODUÇÃO

A germinação das sementes é uma fase crucial do ciclo de vida das plantas. Quando as sementes secas e dormentes absorvem água, o seu consumo de oxigénio aumenta e o metabolismo energético torna-se muito ativo, permitindo a biossíntese de macromoléculas e o transporte de solutos necessários para a germinação completa. A fonte metabólica de ATP requer o funcionamento da fosforilação oxidativa nas mitocôndrias na fase inicial do processo de germinação. A reativação do metabolismo mitocondrial é também uma importante fonte de espécies reactivas de oxigénio (ROS). Em condições de normoxicidade, cerca de 2 a 3% do oxigénio consumido pelas mitocôndrias pode ser convertido em superóxido e H2O2 (Puntarullo et al. 1988). A produção de H2O2 durante a fase inicial de imbibição das sementes foi demonstrada em várias espécies, por exemplo, soja *(Glycine max)* (Puntarullo et al. 1988, Gidrol et al. 1994), milho *(Zea mays L.)* (Hite et al. 1999) e girassol *(Helianthus annus)* (Bailly et al. 2002).

A toxicidade dos ERO, que causam danos oxidativos nas macromoléculas celulares, está bem documentada (McDonald 1999, Gidrol et al. 1994, Bailly et al. 1996). Entretanto, há cada vez mais provas de que as ROS também desempenham funções fisiológicas normais e actuam como moléculas de sinalização em muitos processos, como o crescimento e o desenvolvimento das plantas, a morte celular programada, a sinalização hormonal e a defesa contra agentes patogénicos (Fath et al. 2001, Schopfer et al. 2001, Bailly 2004, Mittler et al. 2004, Apel e Hirt 2004, Bailly et al. 2008). Foi também observado um papel fundamental das ROS na germinação das sementes e na redução da dormência (El- Maarouf-Bouteau et Bailly 2008, Bailly et al. 2008, Oracz et al. 2009, Kwak et al. 2006).

A transição de um papel normal na sinalização celular para um papel tóxico com efeitos nocivos está ligada à acumulação de ERO acima de um limiar que provoca danos oxidativos nas biomoléculas. As alterações da homeostase dos ERO resultam de uma modificação do equilíbrio entre os processos de produção e de captação dos ERO. As plantas possuem compostos antioxidantes solúveis, como o ácido ascórbico, a vitamina E e a glutationa (Noctor e Foyer 1998, De Tullio e Arrigoni 2003), bem como uma série de enzimas reparadoras e protectoras capazes de destruir eficazmente os radicais superóxidos e o peróxido de hidrogénio. Estas enzimas incluem a superóxido dismutase (SOD), a catalase, as peroxidases, as enzimas do sistema tioredoxina e as enzimas do ciclo ascorbato-glutatião (Navrot et al. 2007).

Foram realizados estudos sobre o desenvolvimento inicial das plântulas e a atividade das enzimas antioxidantes durante a germinação das sementes em espécies como o girassol (Bailly et al. 2002), a soja (Gidrol et al. 1994), a ervilha (*Pisum sativum* L.) (Wojtyla et al. 2006) e o *Chenopodium murale* (Bogdanovic et al. 2008). A maioria destes estudos examinou apenas as alterações causadas pelo envelhecimento ou por condições de stress abiótico, como a desidratação (Bailly et al. 2001), as temperaturas elevadas e a humidade elevada (Gidrol et al. 1994, Bailly et al. 2002). Existem poucos estudos sobre as relações entre a atividade respiratória mitocondrial e o sistema de defesa antioxidante durante a germinação das sementes e o crescimento inicial das plântulas, particularmente em espécies de infestantes. As infestantes comuns são conhecidas por serem difíceis de controlar nas culturas de campo, uma vez que produzem mais sementes e podem permanecer viáveis no banco de sementes do solo durante muitos anos. O sucesso da germinação das sementes de infestantes depende de factores internos (ou seja, dormência das sementes) e externos, como a temperatura, a luz, o potencial osmótico, o pH da solução, a concentração de oxigénio e a presença de aleloquímicos (Boyd e Acker 2004). Dado que as ERO são produzidas quando alguns destes factores são alterados, e dada a recente hipótese de que as ERO actuam como mensageiros de estímulos ambientais durante a germinação, levantamos a hipótese de que a capacidade de germinação das sementes de ervas daninhas está, pelo menos parcialmente, relacionada com a capacidade das sementes para produzir e regular as ERO, aumentando assim a proteção contra os seus efeitos deletérios.

O objetivo deste trabalho foi, portanto, estudar, em duas espécies diferentes de ervas daninhas, *Ipomoea triloba* L. e *Senna obtusifolia* L., a relação entre a reativação da atividade respiratória e a cinética das principais enzimas antioxidantes afectadas durante a germinação das sementes e o crescimento inicial das plântulas.

O objetivo deste estudo foi também avaliar as respostas das duas espécies de ervas daninhas ao a-pineno, um produto químico alelopático que demonstrou induzir o stress oxidativo nas plântulas, actuando no metabolismo mitocondrial (Ishii-Iwamoto et al. 2006). Os parâmetros da atividade respiratória mitocondrial e as actividades da álcool desidrogenase (E.C.

1.1.1), superóxido dismutase (SOD, EC 1.15.1.1), catalase (CAT, EC 1.11.1.6), peroxidase (POD, EC 1.11.1.7), ascorbato peroxidase (APX, EC 1.11.1.11), glutationa redutase (GR, EC 1.6.4.2) e lipoxigenase (LOX, EC 1.13.11.12) foram medidos durante a germinação das sementes e o crescimento inicial das plântulas.

MATERIAIS E MÉTODOS

Reagentes. $^{+}$KCN, NAD, ascorbato, GSSG, NADPH, ácido linolénico, ácido 2-tiobarbitúrico e a-pineno foram adquiridos à Sigma Chemical Co (St. Louis, EUA). Os outros reagentes eram da mais alta pureza.

Germinação e crescimento das sementes. As sementes de *Ipomoea triloba* L. e *Senna obtusifolia* L., vulgarmente conhecidas como café da manhã e cicuta, respetivamente, foram adquiridas de um fornecedor comercial (Cosmos Agricola Produtos e Servicos Rurais Ltda, Brasil). Após serem lavadas em água destilada, as sementes foram colocadas sobre folhas duplas de papel de germinação em germinadores plásticos (110 x 110 mm) e umedecidas com 10 ml de água destilada ou 500 μM de a-pineno, dissolvido em solução de dimetilsulfóxido (DMSO) a 0,1%. Cada tratamento foi aplicado em três placas (réplicas), sendo que cada réplica era composta por sessenta sementes distribuídas em caixas de germinação. As caixas foram colocadas numa câmara de germinação programada para um fotoperíodo de 12 horas a 30°C. Os rebentos foram colocados numa câmara de germinação. [21]A densidade do fluxo de fotões na câmara de crescimento era de aproximadamente 230 limol m' s' . Uma semente foi considerada germinada quando a raiz da semente se projetou mais de 2 mm do solo. As sementes que tinham germinado após 24, 48 e 72 horas foram seleccionadas para os testes de crescimento. As plântulas foram retiradas e secas em papel de filtro. O hipocótilo e as raízes primárias foram cortados para medir o seu comprimento e peso fresco. O peso seco do hipocótilo e das raízes primárias foi determinado após incubação do material fresco a 80°C durante 24 horas. A taxa de germinação foi calculada utilizando a equação 1 (Maguire 1962).

$$S = \mathrm{E}\ nJ \qquad [1]$$

S = velocidade de germinação ;

$_i$t = tempo de incubação (horas) ;

$_{ii\text{-}1}$n = número de sementes germinadas entre os instantes t e t_i

Medições da respiração de embriões cortados, cotilédones e raízes primárias. O consumo de oxigénio dos eixos embrionários, cotilédones e raízes primárias de *I. triloba* e *S. obtusifolia foi* medido por polarografia a 25°C com um elétrodo de Clark numa câmara fechada de Plexiglas. As medições foram efectuadas 12, 24, 36 e 48 horas após o início da imbibição das sementes. $_{424}$Os embriões e cotilédones foram cuidadosamente separados após a remoção do revestimento da semente, pesados e imediatamente colocados no recipiente do elétrodo de oxigénio contendo 2 ml de solução nutritiva (pH 5,8) com 2 mM $Ca(NO_3)_2$, 2 mM KNO_3, 0,43 mM NH_4Cl, 0,75 mM MgSO e 20 iiM NaH PO (Larkin 1987). Foram utilizados cerca de três embriões ou cotilédones para cada medição. $_2$Para estimar as contribuições da citocromo oxidase mitocondrial (COX; respiração sensível à KCN), da oxidase alternativa mitocondrial (AOX) e das oxidases extramitocondriais (respiração insensível à KCN) para o consumo total de oxigénio, adicionou-se cianeto de potássio (KCN) a 200 iiM ao meio de reação. O consumo de oxigénio foi monitorizado durante 12-15 minutos. As raízes primárias foram retiradas das plântulas e lavadas em água destilada. Para cada medição, foram cortadas amostras de cinco raízes em segmentos de 5-10 mm de comprimento, medidas a partir da ponta de crescimento, pesadas e colocadas imediatamente no reservatório do elétrodo de oxigénio. As taxas de absorção de oxigénio foram calculadas a partir dos registos polarográficos, partindo de uma concentração inicial de

Oxigénio dissolvido de 240 μM a 25°C (Estabrook 1967) e relativo ao peso fresco do tecido.

Determinação da atividade da álcool desidrogenase. A atividade da álcool desidrogenase foi determinada em extractos de embriões, cotilédones e raízes primárias de sementes ou plântulas imbricadas após 12, 24, 36 e 48 horas de incubação. Foram colhidas amostras de aproximadamente 200 mg de cada tecido, transferidas para um almofariz e cuidadosamente misturadas com 3,0 ml de um meio contendo 50 mM Tris-HCl (pH 7,4), 1,0 mM EDTA e 2,0 mM ditiotreitol (DTT). Os extractos foram depois centrifugados a 20.000 x g e a 5°C durante 20 minutos. O sobrenadante foi decantado e utilizado como fonte de enzima. A atividade da álcool desidrogenase foi medida de acordo com Lee (1982). O meio de reação continha 50 mM Tris-HCl (pH 7,4), 1,0 mM NAD+ e 50-100 цı de extrato de enzima. A reação foi iniciada pela adição de 120 цM n-propanol. $^{+}$A atividade enzimática foi avaliada como a taxa inicial de redução de NAD, calculada a partir do aumento da absorvância a 340 nm. $^{-1-1}$A atividade enzimática foi expressa em ^mol NADH x min x mg de proteína.

Preparação dos extractos e determinação das actividades das enzimas antioxidantes. Para a determinação das actividades das enzimas antioxidantes, foram colhidos embriões, cotilédones e raízes primárias de sementes ou plântulas embebidas e incubadas durante 12, 24, 36 e 48 horas. Amostras de aproximadamente 200 mg de peso fresco de cada tecido foram colocadas num almofariz e bem misturadas com 2,0-4,0 ml de cada meio de extração. Os extractos foram depois centrifugados a 4000 rpm e a 4°C durante 20 minutos. O sobrenadante foi decantado e utilizado como fonte de enzimas. A concentração proteica do extrato enzimático foi determinada de acordo com Lowry et al (1951). A albumina de soro bovino foi utilizada como padrão.

Para determinar as actividades da peroxidase e da catalase, os materiais foram homogeneizados num meio de extração contendo 67 mM de fosfato K (pH 7,0) e 2% de PVP (p/v). A atividade da peroxidase (G-POD EC 1.11.1.7) foi medida de acordo com Putter (1974). O meio de reação continha 3 ml de fosfato K 25 mM (pH 6,8) e 15-100 µl de extrato de enzima. A reação foi iniciada pela adição de 10 mM H2O2 e 2,6 mM guaiacol. $^{-1-1}$A atividade enzimática foi avaliada como a taxa inicial de formação de tetraguaicol (ϵ, 25,5 mM cm), calculada a partir do aumento da absorvância a 470 nm. $^{-1-1}$A atividade enzimática foi expressa em ^mol tetraguaicol x min x mg de proteína. A atividade da catalase (EC 1.11.1.6) foi medida de acordo com Aebi (1984). O meio de reação continha 3 ml de fosfato K 67 mM (pH 7,0) e 15-100 µl de extrato de enzima. A reação foi iniciada pela adição de 10 mM H2O2. $_{22}{}^{-1}{}^{-1}$A atividade enzimática foi avaliada como a taxa inicial de consumo de H O (ϵ, 0,036 mM cm), calculada a partir da diminuição da absorvância a 240 nm. $_{22}{}^{-1-1}$A atividade enzimática foi expressa em µmol de consumo de H O x min x mg de proteína.

Para determinar as actividades da ascorbato peroxidase (EC 1.11.1.11) e da glutatião redutase (EC 1.6.4.2), os materiais foram homogeneizados num meio de extração contendo 50 mM de fosfato K (pH 7,0), 1 mM de EDTA, 1 mM de ascorbato e 2% de PVP (p/v). A atividade da APX foi medida de acordo com Nakano e Asada (1981). O meio de reação continha 3 ml de fosfato K 50 mM (pH 7,0) e 25 ou 50 µl de extrato de enzima. A reação foi desencadeada pela adição de 0,5 mM de ascorbato e 2 mM de H2O2. $^{-1-1}$A atividade enzimática foi avaliada como a taxa de oxidação inicial do ascorbato (ϵ, 2,8 mM cm), calculada a partir da diminuição da absorvância a 290 nm. $^{-1-1}$A atividade enzimática foi expressa em µmol de ascorbato oxidado x min x mg de proteína. A atividade de GR foi medida de acordo com Foyer e Halliwell (1976). O meio de reação continha 3 ml de fosfato K 50 mM (pH 8,0), EDTA 2 mM e 15-50 µl de extrato enzimático. A reação foi iniciada pela adição de 0,5 mM de GSSG e 0,15 mM de NADPH. $^{-1-1}$A atividade enzimática foi avaliada como a taxa inicial de oxidação de NADPH (ϵ, 6,2 mM cm), calculada a partir da diminuição da absorvância a 340 nm. $^{-1-1}$A atividade enzimática foi expressa em µmol de NADPH oxidado x min x mg de proteína.

Para determinar a atividade da superóxido dismutase (EC 1.15.1.1), os materiais foram homogeneizados num meio de extração contendo 50 mM de fosfato K (pH 7,8), 1,0 mM de EDTA, 1% de PVP (m/v) e 0,1% de Triton X-100 (v/v). A atividade da SOD foi medida de acordo com Giannopolitis e Ries (1977). O meio de reação continha 3 ml de fosfato K 50 mM (pH 7,8), metionina 6,5 mM, nitrobleu-tetrazólio NBT 150 gM, riboflavina 4 gM e 10 ųi de extrato enzimático. A reação foi iniciada ligando uma lâmpada (20 W) e iluminando o meio de reação durante 20 minutos a 30 °C. As reacções não iluminadas e iluminadas sem extrato de enzima foram utilizadas como padrões de calibração. A absorvância da mistura de reação foi medida a 560 nm. $^{-1}$Uma unidade de atividade da SOD (U) foi definida como a quantidade de enzima necessária para causar uma inibição de 50% da taxa de redução do fotoreactor NBT, e os resultados foram expressos como U de SOD x mg de proteína.

Determinação da atividade da lipoxigenase. Foram colhidos embriões, cotilédones e raízes primárias de sementes ou plântulas embebidas que foram incubadas durante 12, 24, 36 e 48 horas. Amostras de aproximadamente 200-400 mg de peso fresco de cada tecido foram colocadas num almofariz e cuidadosamente misturadas com 2,0 ml de meio frio contendo 50 mM de fosfato K (pH 7,0) e 0,1% de Triton X-100 (v/v). Os extractos foram depois centrifugados a 12.000 x *g e* a 4°C durante 10 minutos. O sobrenadante foi decantado e utilizado como fonte de enzimas. A atividade da lipoxigenase foi medida por polarografia utilizando um elétrodo de oxigénio de Clark, de acordo com Siedow e Girvin (1980). O meio de reação continha 2 ml de fosfato K 200 mM (pH 7,0) e 50-300 ЦI de extrato de enzima. A reação foi iniciada pela adição de ácido linolénico (concentração final 1,5 mM) dissolvido em Tween 20. $_2{}^{-1-1}$O consumo de oxigénio foi monitorizado durante 12-15 minutos e a atividade enzimática foi expressa em ЦMol de oxigénio consumido x min x mg de proteína.

Determinação do glutatião oxidado (GSSG) e do glutatião reduzido (GSH). O conteúdo de glutatião reduzido e oxidado foi determinado em raízes primárias de *I. triloba* e *S. obtusifolia*, incubadas durante 48 h na ausência ou presença de 500 μM a-pineno. Aproximadamente 0,6 g de peso fresco de raízes foram moídos em azoto líquido e o pó congelado foi homogeneizado em 2,0 ml de ácido sulfossalicílico a 5% e centrifugado a 10.000 x g durante 15 min a 4°C. O sobrenadante foi utilizado para medir o glutatião total e o glutatião oxidado de acordo com Smith (1985). $^{-1}$O glutatião total foi determinado misturando 200 l de sobrenadante com um volume igual de tampão fosfato de potássio 0,5 M (pH 7,5), tampão fosfato de sódio 50 mM (pH 7,5) com 5 mM de ácido etilenodiaminotetracético (EDTA), 1,0 mM de ácido ditionitrobenzóico, 2 U ml de glutatião redutase (dissolvida em tampão fosfato de sódio, pH 7,5) e 0,17 mM de NADPH. Após 10 minutos, a absorvância é medida a 415 nm. Para medir a forma oxidada do glutatião, misturaram-se 200 l de sobrenadante com igual volume de tampão fosfato de potássio 0,5 M (pH 7,5) e 1,7 mM de в-vinilpiridina dissolvida em 2% de Tween 20 (v/v). $^{-1}$Após 1 hora à temperatura ambiente, uma alíquota de 400 l da solução de reação foi misturada com 700 l de tampão fosfato de sódio 0,1 M contendo EDTA 5 mM, DTNB 1,0 mM, glutatião redutase 2 U ml e NADPH 0,17 mM. Após 10 minutos, a absorvância foi medida a 415 nm. O glutatião reduzido foi calculado subtraindo a absorvância do glutatião oxidado à do glutatião total. $^{-1-1-1}$A concentração de GSSG e GSH foi calculada a partir do coeficiente de extinção de 13,6 mM cm e expressa em umol x g de peso fresco da raiz.

Medição do teor de MDA. O grau de peroxidação lipídica foi medido utilizando uma substância que reage com o ácido tiobarbitúrico, o malondialdeído (MDA), pela reação do ácido tiobarbitúrico descrita por Heath e Packer (1968). Raízes primárias de plântulas de *I.* triloba e *S.* obtusifolia foram coletadas e cultivadas por 48 h na ausência ou presença de

500 μM a-pineno. Aproximadamente 0,6 g de peso fresco de raízes foram colocados num almofariz e misturados com 3,0 ml de etanol a 96% (v/v). O teor de malondialdeído (MDA) foi determinado em 3,0 ml de homogenato. Foi adicionado ao homogenato um volume igual de TCA a 20% com 0,5% de TBA (m/v). A mistura foi aquecida a 95°C durante 30 minutos e depois arrefecida rapidamente num banho de gelo. Após centrifugação a 10.000 x g durante 20 minutos, a absorvância do sobrenadante foi medida a 532 nm. A absorvância não específica a 600 nm foi subtraída. $^{-1-1-1}$A concentração de MDA foi calculada a partir do seu coeficiente de extinção de 155 mM cm e expressa em nmol x g de peso fresco da raiz.

Análise estatística. Os dados apresentados nos gráficos e tabelas foram expressos como média ± erro padrão da média (SEM) de preparações independentes. Os dados foram analisados utilizando o teste t de Student ou a análise de variância (ANOVA), com diferenças significativas entre as médias detectadas pelo teste de Duncan. As comparações são apresentadas no texto como valores de probabilidade *(P)*. $P < 0,05$ foi adotado como critério mínimo de significância. As análises estatísticas foram realizadas com o software Statistica™.

RESULTADOS

Germinação e crescimento de I. triloba e S. obtusifolia.

A informação básica sobre a germinação e o comportamento de crescimento das sementes utilizadas neste trabalho é apresentada na Figura 1. A percentagem final de germinação das sementes de *I. triloba* e *S. obtusifolia* foi semelhante (Figura 1A). As sementes começaram a germinar quase 24 horas após a fertilização e atingiram uma taxa máxima de germinação de 33 e 29%, respetivamente, após 72 horas de incubação. No entanto, a taxa de germinação foi maior em *I. triloba*. Foi de 0,817 ± 0,068 e 0,523 ± 0,051 para *I. triloba* e *S. obtusifolia*, respetivamente (P < 0,005). *I.*

triloba desenvolveu raízes primárias e hipocótilos muito mais longos do que *S. obtusifolia* (Figs. 1B e C). Apesar de serem mais curtas, as plântulas de *S. obtusifolia* eram mais espessas, o que explica o facto de o seu peso fresco não ter sido proporcionalmente reduzido (fig. 1D e E). Além disso, o teor de água por grama de matéria fresca era mais baixo na *S. obtusifolia*, como mostra a baixa relação entre o peso fresco e o peso seco (Figs. 1F e G).

Após 72 horas de incubação, as primeiras folhas eram visíveis em ambas as espécies, indicando que a fotossíntese estava a começar a contribuir para o metabolismo energético das plântulas. Por esta razão, as experiências seguintes foram efectuadas com plântulas que tinham crescido durante um máximo de 48 horas, para garantir que a respiração mitocondrial era a que mais contribuía para o metabolismo energético das plântulas.

Respirabilidade de embriões, cotilédones e raízes primárias de I. triloba* e *S. obtusifolia.

Os parâmetros respiratórios foram medidos 12, 24, 36 e 48 horas após o início da impregnação do esperma. Os dados após 12 horas referem-se ao tecido embrionário. Após pelo menos 24 horas, as sementes germinadas foram seleccionadas. As raízes primárias foram cortadas e os cotilédones separados do resto das sementes.

Como mostrado nas Figuras 2A e B, a atividade respiratória do embrião (12 h de incubação) de *I. triloba* foi significativamente maior do que a de *S. obtusifolia* (quase 5 vezes maior). A atividade respiratória dos cotilédones (24-48 horas) também foi mais elevada em *I. triloba*. Em ambas as espécies, os cotilédones apresentaram uma atividade respiratória total mais elevada do que os respectivos embriões. Após 36 horas, a atividade respiratória total dos cotilédones de *I. triloba* permaneceu elevada, mas após 48 horas, diminuiu quase 50%. O padrão da atividade respiratória em *S. obtusifolia* foi marcadamente diferente. O consumo de oxigénio aumentou progressivamente e, no final do período de ensaio (48 horas), atingiu valores

128% superiores aos observados após 24 horas.

As contribuições relativas da respiração insensível ao KCN para a respiração total do embrião e do cotilédone foram consideráveis em ambas as espécies. Em *I. triloba*, a percentagem após 12, 24, 36 e 48 horas foi de 34,3, 34, 27,2 e 22%, respetivamente, e em *S. obtusifolia*, 25,9, 42, 20,6 e 27,8%.

Em contraste com as diferenças observadas nos embriões e cotilédones das espécies estudadas, a atividade respiratória das raízes primárias apresentou taxas e padrões de mudança semelhantes (Figura 1C e D). Em ambas as espécies, ocorreu uma diminuição progressiva durante o período de crescimento subsequente. Após 48 horas, a atividade respiratória foi reduzida em 40,4% em *I. triloba* e 50,8% em *S. obtusifolia,* em comparação com 24 horas.

A contribuição relativa da respiração insensível ao KCN para a respiração total nas raízes primárias foi geralmente mais elevada do que nos cotilédones. Em *I. triloba,* aumentou para 32,5, 45 e 60% após 24, 36 e 48 h, respetivamente. Em *S. obtusifolia*, os valores correspondentes foram 22%, 40,2% e 50,8%.

Alterações na atividade da álcool desidrogenase e da lipoxigenase em sementes germinadas de I. triloba e S. obtusifolia.

As alterações na atividade da álcool desidrogenase durante a germinação e o crescimento inicial das duas espécies foram muito diferentes (Fig. 3 A e B). Enquanto uma alta atividade foi encontrada em *S. obtusifolia,* valores comparativamente insignificantes *foram* encontrados em *I. triloba*. Nos embriões, a atividade da ADH foi 375% mais elevada em *S. obtusifolia*. Nos cotilédones de *S. obtusifolia,* a atividade enzimática manteve-se elevada entre 24 e 48 horas após a incubação. Nas raízes primárias, a atividade da ADH foi mais baixa. Após 24 horas, representava 52,5% do valor encontrado nos cotilédones, e após 36 e 48 horas, a atividade diminuiu 38% e 53,2%, respetivamente, em comparação com o valor encontrado após 24 horas.

Em *I. triloba,* a atividade da ADH diminuiu progressivamente nos cotilédones e nas raízes primárias entre 24 e 48 horas. Durante este período, a diminuição foi de 63,4% nos cotilédones e de 75,7% nas raízes primárias. Em contraste com *S. obtusifolia*, a atividade da ADH *foi* mais elevada nas raízes primárias do que nos cotilédones.

As duas espécies de ervas daninhas estudadas também diferiram no seu teor de enzimas lipoxigenase. A atividade enzimática *foi* quase duas ordens de grandeza inferior em *S. obtusifolia* (fig. 3D). Em *I. triloba,* a atividade da LOX era mínima no embrião, mas aumentou significativamente após a conclusão da germinação das sementes (fig. 3C). O padrão de mudanças nos cotilédones e nas raízes primárias também foi diferente em cada intervalo de tempo. Enquanto a atividade enzimática nos cotilédones não se alterou durante o período de crescimento, aumentou 3,7 vezes nas raízes primárias após 36 h e 4,1 vezes após 48 h, em comparação com o valor obtido após 24 h. A atividade enzimática nos cotilédones permaneceu inalterada durante o período de crescimento.

Em contraste, em *S. obtusifolia,* a atividade da LOX aumentou progressivamente nos cotilédones, enquanto que nas raízes primárias aumentou de 24 a 36 horas, seguido de um ligeiro decréscimo. Entre 24 e 48 horas, a atividade da LOX aumentou 11,2 vezes nos cotilédones e 1,85 vezes nas raízes primárias.

Alterações na atividade das enzimas antioxidantes em sementes germinadas de I. triloba e S. obtusifolia.

Em ambas as espécies, a atividade da SOD foi demonstrada em embriões durante a imbibição da semente (Fig. 4 A e B). Após 12 h, a atividade da SOD em embriões de *I. triloba* foi 28% maior do que em embriões de *S. obtusifolia.* Após a germinação, a atividade da SOD nos cotilédones de ambas as espécies não foi diferente da dos seus embriões e não se alterou significativamente durante o período de crescimento subsequente. No entanto, a atividade da SOD nas raízes primárias de ambas as espécies foi mais elevada do que nos cotilédones correspondentes. Após 24 horas, a atividade enzimática foi 108% superior em *I. triloba* e 56% superior em *S. obtusifolia*. Durante o período de crescimento seguinte, a atividade da SOD não se alterou significativamente em *I. triloba*, ao passo que se observou um aumento progressivo em *S. obtusifolia*. Após 48 horas, a atividade da SOD era semelhante nas duas espécies.

A presença da atividade da SOD indica que o H2O2 é produzido durante a germinação das sementes em ambas as espécies. A atividade das enzimas envolvidas na neutralização do H2O2 foi então estudada.

A catalase, uma das enzimas mais eficientes na remoção do peróxido de hidrogénio (Fig. 4 C e D), estava presente nos embriões de ambas as espécies (12 h). Em *I. triloba*, o padrão de mudanças na atividade da CAT foi muito semelhante ao da atividade da SOD; enquanto nenhuma mudança foi observada nos cotilédones, um aumento ocorreu nas raízes primárias durante o período de crescimento (+115% de 24 a 48 h). No entanto, esta correlação entre a atividade da CAT e da SOD não foi observada em *S. obtusifolia* (Fig. 4D), particularmente nos cotilédones. A atividade da CAT foi mais elevada do que os valores correspondentes nas raízes primárias e aumentou consideravelmente entre 24 e 48 h (+325%). Nas raízes primárias, a atividade enzimática aumentou 313%.

As peroxidases também podem desempenhar um papel na eliminação de H2O2 nas células vegetais, embora existam em diferentes formas isoenzimáticas e sejam responsáveis por numerosas funções fisiológicas (De Gara 2004). Neste trabalho, medimos a atividade das peroxidases solúveis utilizando o guaiacol como aceitador. A atividade da POD foi praticamente inexistente em embriões e plântulas de *S. obtusifolia*, como mostra a Figura 4F. Foi observada uma maior atividade nas raízes primárias após 48 h, mas foi 28 vezes inferior aos valores correspondentes em *I. triloba*.

O padrão de mudanças na atividade da POD durante a germinação das sementes de *I.* triloba foi muito semelhante ao da atividade da CAT. A atividade nos cotilédones não foi diferente da dos embriões e não se alterou durante o período de crescimento. Entretanto, a atividade nas raízes primárias aumentou consideravelmente após 36 horas, atingindo valores quase três vezes maiores do que os encontrados após 24 horas.

A glutationa redutase desempenha um papel importante no controlo do ambiente redox intracelular, catalisando a redução de GSSG a GSH. Como mostrado na Figura 5A, a atividade da GR foi muito baixa em *I. triloba.* $^{-1-}$ ^{1}Foi observada uma atividade de cerca de 0,01 limol min mg nos embriões, e este valor não se alterou nos cotilédones e nas raízes primárias ao longo do período de crescimento. Em *S. obtusifolia, por outro lado,* a atividade da GR em embriões foi cerca de 2,0 vezes maior do que em *I. triloba,* e um aumento progressivo ocorreu tanto nos cotilédones quanto nas raízes primárias durante o período de crescimento subsequente. Entre 24 e 48 horas, a atividade do GR aumentou 53% nos cotilédones e 35,7% nas raízes primárias. No entanto, a atividade da GR foi maior nas raízes primárias.

A ascorbato peroxidase é outra enzima antioxidante que elimina o H2O2, preferencialmente utilizando o ácido ascórbico como substrato redutor. Essa enzima não foi detectada em nenhuma das espécies durante a humificação das sementes (Fig. 5 C e D). Em *I. triloba*, a atividade enzimática apareceu após o final da germinação (24 h) e aumentou progressivamente durante o período de crescimento. Foi observada uma maior atividade nas raízes primárias. Em *S. obtusifolia*, a atividade da APX só foi detectada em plântulas que cresceram após 36 horas, e a atividade nas raízes primárias foi também mais elevada do que nos cotilédones correspondentes. A atividade enzimática nas raízes primárias aumentou acentuadamente de 36 para 48 h (+195%) e suplantou o valor correspondente encontrado em *I. triloba*.

Efeitos do** a-pineno **na germinação, atividade respiratória, atividade das enzimas antioxidantes e parâmetros de stress oxidativo em I. triloba e S. obtusifolia.

Os efeitos do monoterpeno a-pineno na germinação e no crescimento inicial de *I. triloba* e *S. obtusifolia* são apresentados na Tabela 1. Os dados apresentados são os valores obtidos após 48 horas de incubação. A percentagem de sementes germinadas incubadas na presença de 500 LIM DE a-pineno não foi significativamente afetada em nenhuma das espécies. No entanto, foram observadas anomalias no crescimento das plântulas resultantes, nomeadamente nas raízes primárias. O comprimento e o peso fresco das raízes primárias foram reduzidos em cerca de 20% em ambas as espécies.

Como se pode ver no Quadro 2, a atividade respiratória destas raízes afectadas foi significativamente alterada. A respiração total calculada com base no peso fresco foi estimulada em comparação com os respectivos controlos. O aumento foi mais pronunciado em *I. triloba* do que em *S. obtusifolia*. A maior atividade respiratória em *I. triloba* deveu-se principalmente a uma forte estimulação da respiração insensível ao KCN, como indicado pelas percentagens apresentadas no Quadro 2. O consumo de oxigénio relacionado com as vias da citocromo oxidase (respiração sensível ao KCN) foi ligeiramente estimulado em *I. triloba*, ao passo que foi observada uma inibição em *S. obtusifolia*.

As actividades das enzimas antioxidantes e da lipoxigenase em raízes primárias cultivadas durante 48 h na ausência e na presença de 500 LIM DE a-pineno são apresentadas no Quadro 3. O alfa-pineno não modificou significativamente as actividades das enzimas estudadas em *S. obtusifolia*. Em contrapartida, as actividades de três enzimas foram estimuladas em *I. triloba*: GR, POD e LOX. A Tabela 4 mostra os níveis de MDA e glutationa em raízes primárias. O teor de glutatião (reduzido ou oxidado) foi muito mais elevado em *S. obtusifolia*. Em ambas as espécies, o a-pineno não causou uma alteração significativa nos valores de MDA ou de glutatião. No entanto, *foi observado* um aumento do teor de MDA em *I. triloba*, mas não em *S. obtusifolia*.

DISCUSSÃO

A comparação dos resultados para *I. triloba* e *S. obtusifolia* mostrou relações claras entre o padrão da atividade respiratória, a atividade das enzimas antioxidantes e os parâmetros de lipoperoxidação durante a imbibição das sementes, a germinação e o crescimento inicial. Também se tornou claro que cada espécie utiliza um grupo específico de enzimas antioxidantes e apresenta um padrão diferente de alterações nas suas actividades durante o período de crescimento.

Durante a germinação, embriões isolados de ambas as espécies mostraram uma considerável atividade respiratória sensível ao KCN, indicando fosforilação oxidativa funcional nas mitocôndrias. A atividade respiratória dos embriões e cotilédones de *I. triloba* foi muito mais elevada do que a de *S. obtusifolia, o que* pode estar relacionado com a diferença na captação de água e na cinética de oxigenação durante a imbibição das sementes. Wojtyla et al (2006), por exemplo, verificaram que, 12 horas após a germinação das sementes de ervilha, a parte central dos cotilédones ainda não estava hidratada e que a hidratação completa dos embriões só ocorreu 24 horas após a germinação. Rolletschek et al (2003) mostraram que, devido à difusão limitada de oxigénio através do revestimento da semente, o teor de oxigénio nos tecidos do embrião de ervilha é muito baixo após 12 horas, cerca de 0,4% (1,1 LIM). Parece provável que a absorção de água e a oxigenação tenham sido mais lentas em *S. obtusifolia* do que em *I. triloba, o que* limitou a recuperação da atividade respiratória mitocondrial.

As condições de hipoxia no embrião e no cotilédone de *S. obtusifolia* foram sustentadas por uma elevada atividade da ADH. É provável que a limitação da produção de ATP pela fosforilação oxidativa nas mitocôndrias tenha ativado as vias de fermentação, levando à produção de etanol. $^{+}$Para além da produção de ATP, a fermentação anaeróbica permite a regeneração de NAD, que é essencial para um fluxo glicolítico contínuo (Waters et al. 1991).

Consistente com esta interpretação, não houve diferenças significativas entre as espécies na atividade respiratória das raízes primárias após o fim da germinação, ou seja, quando os tecidos tinham crescido em condições aeróbicas. Além disso, a atividade da ADH nas raízes primárias de *S. obtusifolia* foi significativamente mais baixa do que nos embriões e cotilédones. Durante o período de crescimento subsequente (36 e 48 h), a atividade respiratória e de ADH das raízes primárias de ambas as espécies diminuiu progressivamente, muito provavelmente devido a uma diminuição das necessidades de ATP após o fim da germinação. Um padrão semelhante de alteração da atividade respiratória e da atividade da ADH nas raízes primárias foi observado anteriormente em duas outras espécies de infestantes, *Bidens pilosa* L. (Pergo et al. 2008) e *Euphorbia heterophylla* L. (Kern et al. 2009).

A produção de espécies reactivas parece começar assim que a respiração mitocondrial é retomada durante a maturação da semente. Este evento é indicado pelo aparecimento de actividades de superóxido dismutase, catalase e glutatião redutase nos embriões de ambas as espécies. Em *I. triloba,* a atividade da SOD foi mais elevada do que em *S. obtusifolia*, o que sugere uma taxa mais elevada de formação de ROS. A observação de que *I. triloba* também apresentou níveis mais altos de respiração insensível ao KCN confirma essa interpretação. A respiração insensível ao KCN corresponde à soma do oxigénio convertido em superóxido e H_2O_2
(Puntarullo et al. 1988), oxigénio utilizado pela oxidase alternativa mitocondrial (AOX) e outras oxidases citosólicas ou de membrana, incluindo

lipoxigenases. Embora a contribuição relativa de cada processo para a respiração insensível ao KCN não possa ser deduzida dos nossos dados, parece provável que uma maior proporção de oxigénio tenha sido convertida em ROS em *I. triloba* do que em *S. obtusifolia*.

Após o final da germinação, verificou-se uma alteração significativa nas actividades das enzimas antioxidantes nos cotilédones e nas raízes primárias. Em ambas as espécies, as actividades da SOD, CAT, GR e POD mantiveram-se semelhantes nos cotilédones e nos embriões. Nas raízes primárias, por outro lado, as actividades enzimáticas aumentaram ao longo do período de ensaio e foram mais elevadas do que as actividades correspondentes nos cotilédones. A única exceção foi a atividade da CAT em *S. obtusifolia*. Nos cotilédones, a atividade enzimática aumentou consideravelmente entre 24 e 48 horas e atingiu valores mais elevados do que nas raízes primárias.

Estes resultados indicam que a produção de ROS foi mais estimulada após o fim da germinação, particularmente nas raízes primárias. Isto é provavelmente uma consequência da maior disponibilidade de oxigénio para as raízes primárias em comparação com os cotilédones. De facto, Wojtyla et al (2006) demonstraram um aumento na concentração de radicais livres nos eixos do embrião de ervilha após a expulsão das raízes germinadas, ao passo que não foi observada qualquer alteração significativa nos cotilédones durante o crescimento das plântulas. Goodman et al (1986) também relataram uma mudança significativa e rápida na concentração de radicais livres nas raízes como consequência direta do teor de oxigénio da atmosfera circundante.

A comparação das actividades das enzimas estudadas revelou que a SOD e a catalase eram provavelmente as principais enzimas antioxidantes envolvidas na eliminação das ROS em ambas as espécies. No entanto, cada espécie tem a sua própria bateria de enzimas acessórias para neutralizar o H_2O_2. *A S. obtusifolia* tinha uma atividade GR mais elevada mas uma atividade

POD mais baixa do que a *I. triloba*.

Por conseguinte, a GR poderá desempenhar um papel nas reacções dependentes de GSH apenas em *S. obtusifolia*. A elevada atividade da GR foi correlacionada com um elevado teor de GSH e GSSG nas raízes primárias (Quadro 4). O conteúdo total de glutationa foi 53 vezes maior em *S. obtusifolia* do que em *I. triloba* após 48 h de crescimento. Sabe-se que a manutenção de um pool de glutatião fortemente reduzido é necessária para a função ativa das proteínas (Noctor e Foyer 1998). Em muitas reações celulares, o grupo Cys-thiol é reduzido por GSH para obter GSSG, e a reação reversa é catalisada pela glutationa redutase (GR) usando NADPH. A GSH é um substrato para várias enzimas redutoras, incluindo as enzimas que reduzem os peróxidos. Estas funções básicas da GSH e da GR parecem ser claras em *S. obtusifolia* devido ao elevado rácio GSH/GSSG nesta espécie ($3{,}9 \pm 0{,}72$).

As razões para a falta de atividade GR significativa em *I. triloba não podem ser* deduzidas a partir dos dados disponíveis. Pode presumir-se que as enzimas independentes da glutationa, como as que utilizam a tioredoxina (TRX) como agente redutor para regenerar as proteínas que contêm enxofre (Levine et al. 1999, Laloi et al. 2001, Rey et al. 2005), protegem as proteínas dos danos oxidativos.

A GR também está envolvida no ciclo do ascorbato-glutatião, que também pode estar envolvido na filtragem do H2O2. A APX é a primeira enzima neste ciclo e foi encontrada ausente nos embriões de ambas as espécies. *Foi observada* uma atividade significativa da APX nas raízes primárias de *I. triloba* após apenas 24 h de incubação, ao passo que a enzima só apareceu mais tarde, após 36 h, em *S. obtusifolia*. A constatação de que a APX estava presente nas raízes primárias de ambas as espécies, enquanto a GR, que catalisa a etapa final do ciclo, estava praticamente ausente em *I. triloba*, sugere que o ciclo ascorbato-glutationa pode contribuir para a neutralização de H2O2 apenas em *S. obtusifolia* e em fases posteriores do crescimento da raiz primária.

A APX poderá ter outra função em ambas as espécies. Existem agora provas de que o ascorbato também actua como um eliminador químico do oxigénio reativo em reacções não enzimáticas (Noctor e Foyer 1998). Foi demonstrada uma correlação entre a atividade da APX e o teor de ascorbato em sementes de ervilha em germinação. Wojtyla et al (2006) mostraram que os níveis de ascorbato e a atividade da APX aumentam significativamente nos eixos embrionários da ervilha após a expulsão da radícula, mas não nos cotilédones. Foi observado um padrão semelhante de atividade da APX em *I. triloba* e *S. obtusifolia*. Parece, portanto, plausível que o ascorbato esteja envolvido em sistemas de defesa antioxidantes não enzimáticos em raízes primárias.

As espécies estudadas também diferiram na atividade da POD guaicol e da lipoxigenase. Estas enzimas estavam presentes em embriões e plântulas de *I. triloba*, enquanto estavam praticamente ausentes em *S. obtusifolia*. Uma tendência semelhante foi observada por Bogdanovic et al (2008) em *Chenopodium murale*. Os autores observaram um aumento na atividade da SOD e CAT, mas não na atividade da POD, durante a emergência das plântulas e as fases iniciais do crescimento das plântulas.

As PODs existem num grande número de formas isoenzimáticas e estão envolvidas num grande número de processos fisiológicos (Passardi et al. 2005). Enquanto se pensa que as peroxidases ligadas aos polímeros da parede celular por ligações iónicas ou covalentes participam na biossíntese da lenhina e na formação de ligações cruzadas na parede celular (Mousel et al. 1977, Quiroga et al. 2000), as POD específicas do guaicol têm sido utilizadas como indicadores de stress oxidativo (Almagro et al. 2009). Embora a principal função das PODs seja oxidar substratos fenólicos à custa de H_2O_2, há também provas de que as PODs podem produzir temporariamente ROS durante o choque oxidativo apoplástico, uma resposta precoce frequente das plantas ao ataque de agentes patogénicos (Bolwell et al. 2002). A peroxidase pertence a uma classe conhecida de proteínas PR cuja expressão é induzida em condições de stress biótico e abiótico (Van Loon et al. 2006, Seo et al. 2008).

A lipoxigenase é outra enzima que está presente num grande número de órgãos e tecidos e em muitas isoformas. Pensa-se que diferentes compostos do metabolismo da LOX, os ácidos gordos polienóicos oxidados (OPFA), conhecidos coletivamente como oxilipinas, desempenham um papel nas respostas de defesa das plantas (Feusnner e Wsaternack 2002). Foram encontradas diferentes isoformas de LOX nos eixos e cotilédones de sementes secas e plântulas de espécies como a ervilha (Anstis e Friend 1974, Chateigner et al. 1999), a soja (Axelrod et al. 1981), a cevada (*Hordeum vulgare)* (Holtman et al. 1996), o pepino (*Cucumis sativus)* (Feussner et al. 1997), o trigo *(Triticum* spp.) (Guss et al. 1968) e o arroz *(Oriza sativa*) (Ohta et al. 1986). Embora a presença de LOXen tenha sido amplamente caracterizada, o seu papel fisiológico na germinação das sementes e no crescimento das plântulas não é totalmente conhecido. Foram avançadas algumas hipóteses. As LOXe estão envolvidas na hidratação dos tecidos (Hildebrand 1989), na expansão celular (Rodriguez-Conception et al. 1995), nas reservas de azoto (Tranbarger et al. 1991) e na decomposição dos lípidos de armazenamento (Feussner et al. 2001, Spiteller 2003, Little e O'Brian 1968).

Nenhuma das funções putativas da LOX parece ser necessária em *S. obtusifolia*, uma vez que esta espécie não apresentou uma atividade significativa da LOX durante a imbibição e o crescimento das sementes. Por outro lado, a presença de LOX em *I. triloba* poderia estar ligada ao seu papel na mobilização das reservas lipídicas. *I. triloba* é um membro da família das trepadeiras (Convolvulaceae). A distribuição dos ácidos gordos dos oito membros do género *Ipomoea* apresenta valores semelhantes. Por exemplo, a proporção de lípidos nas sementes de *I. hederacea* é de 12,6%. Os ácidos gordos C18-insaturados, os substratos preferidos da LOX, representam quase

70% dos lípidos presentes nas sementes. *A S. obtusifolia pertence* à família das leguminosas, que é particularmente rica em polissacáridos e flavonóides. Com exceção da soja e do amendoim, as sementes de leguminosas são geralmente pobres em lípidos (Jones e Earle 1966). O teor de lípidos das sementes situa-se entre 1 e 2% (Aykroyd e Doughty 1964, Harborne et al. 1971, Akpinar et al. 2001).

Embora o aparecimento da LOX em *I. triloba* possa ser explicado, pelo menos em parte, pela mobilização de lípidos, parece mais provável que a enzima tenha sido activada em resposta ao stress oxidativo resultante da retoma do metabolismo durante a germinação e o crescimento. Como mencionado acima, a retomada da atividade respiratória mitocondrial ocorreu mais cedo e a taxas mais elevadas em *I. triloba* do que em *S. obtusifolia*. Juntamente com a respiração mitocondrial, a peroxidação lipídica ocorre durante a germinação de sementes quando o teor de humidade excede 0,25 g H_2O por g de matéria seca,
(Staniek e Nohl 2000, Vertucci e Farrant 1995). Pensa-se que a peroxidação lipídica induzida pelos ERO ativa enzimas de degradação, incluindo fosfolipases e LOX, que são também responsáveis pela degradação das membranas (Baker e Orlandi 1995).

Portanto, é muito provável que o aumento das atividades de LOX, POD e SOD represente a resposta celular à formação de ROS, *resultante da* retomada do metabolismo durante a germinação e o crescimento de *I. triloba.*

Esta interpretação foi ainda reforçada pelos diferentes efeitos do a-pineno nas duas espécies. Já demonstrámos que o monoterpeno a-pineno causa stress oxidativo alterando as funções mitocondriais (Abrahim et al. 2003). Em raízes primárias de milho, o a-pineno estimula a respiração insensível ao KCN e a atividade da lipoxigenase e aumenta o conteúdo de dienos conjugados (Ishii-Iwamoto et al. 2006). Foi observado um efeito semelhante na respiração insensível ao KCN em *I. triloba* e *S. obtusifolia*, que foram cultivadas na presença de 500 LiM de a-pineno. O estímulo foi muito mais pronunciado em *I. triloba* (+408%) do que em S. *obtusifolia* (+100%). A constatação de que a via de respiração da citocromo oxidase (respiração sensível ao KCN) foi estimulada em *I. triloba,* mas inibida em *S. obtusifolia*, sugere que o a-pineno pode atuar como desacoplador da fosforilação oxidativa em *I. triloba*, enquanto a inibição da cadeia respiratória parece ser o efeito predominante em *S. obtusifolia*.

O desacoplamento e a inibição do fluxo de electrões mitocondriais não só afecta a fosforilação do ADP, como também aumenta a formação de espécies activas de oxigénio (Kowaltowsky e Vercesi 1999). Em *I. triloba,* o sistema de defesa antioxidante foi aparentemente incapaz de proteger contra o stress oxidativo induzido pelo a-pineno. Isto é sugerido pelo aumento observado na atividade da lipoxigenase, que foi acompanhado por um nível mais elevado de malondialdeído, indicando um aumento da peroxidação lipídica. O aumento da taxa de produção de H2O2 foi indicado pelo aumento das actividades da POD e da GR. A A contribuição da oxidase alternativa mitocondrial (AOX) também deve ser tida em conta no aumento observado na respiração insensível ao KCN. A estimulação da AOX foi proposta como um mecanismo compensatório para reduzir a produção de ROS pela cadeia de transporte de electrões (Maxwell et al. 1999, Mittler 2002, Clifton et al. 2005).

Por outro lado, a ausência de sinais de stress oxidativo em *S. obtusifolia* poderia dever-se a uma menor intensidade de produção de ROS pelas mitocôndrias, sendo a atividade respiratória menos afetada do que em *I. triloba*. Em alternativa, esta espécie poderia dispor de um sistema mais eficaz do que a *I. triloba* para neutralizar os efeitos negativos das espécies activas sobre o oxigénio. Neste contexto, parece plausível que as actividades de GR e CAT e o teor de GSH melhorem a proteção contra o stress induzido pelo a-pineno, uma vez que foram muito mais elevados em *S. obtusifolia* e praticamente inexistentes em I. *triloba*.

É de notar, no entanto, que o crescimento das raízes primárias de *S.*

obtusifolia foi inibido de forma semelhante ao de *I. triloba*, embora pareçam ter uma maior capacidade de neutralizar os efeitos oxidativos dos a-pinenos. Uma redução da produção de ATP, outra consequência dos efeitos do a-pineno nas mitocôndrias, poderia ser a principal causa desta inibição. De referir ainda que foi também observada uma diminuição do ATP mitocondrial em mitocôndrias isoladas expostas a H2O2 (Tiwari et al. 2002).

CONCLUSÃO

Em resumo, a nossa análise comparativa de duas espécies de ervas daninhas mostrou que as duas espécies apresentam características diferentes em termos de atividade respiratória e de sistemas de defesa antioxidante durante a germinação e o crescimento inicial das plântulas. Em ambas as espécies, a formação de ROS parece começar cedo no período de germinação e pode estar relacionada com o reinício da respiração mitocondrial. A SOD e a CAT foram provavelmente as enzimas cruciais envolvidas na neutralização das ROS, uma vez que estavam presentes em ambas as espécies, ao contrário de outras enzimas como a POD e a GR. *A S. obtusifolia* apresentou uma atividade GR mais elevada, mas uma atividade POD mais baixa em comparação com a *I. triloba*. Estes dados sugerem que cada espécie pode ter um conjunto específico de enzimas neutralizadoras de H2O2. A elevada atividade da LOX observada em *I. triloba* poderia estar ligada à mobilização da reserva lipídica da semente, mas também poderia ser devida ao stress oxidativo nos tecidos. O recomeço rápido do metabolismo aeróbico durante a germinação em *I. triloba*, em comparação com *S. obtusifolia,* parece favorecer a germinação rápida das sementes, mas aumenta o stress oxidativo. O sistema de defesa antioxidante de *I. triloba não parece ser* capaz de proteger as plântulas, particularmente na presença de um oxidante como o aleloquímico a-pineno. As diferenças entre espécies na taxa de metabolismo respiratório mitocondrial e nos sistemas de defesa antioxidante podem determinar o sucesso das sementes de ervas daninhas durante a germinação e o crescimento em condições ambientais desfavoráveis.

REFERÊNCIAS

Abrahim D, Francischini AC, Pergo EM, Kelmer-Bracht AM, Ishii-Iwamoto EL (2003) Efeitos do a-pineno na respiração mitocondrial de plântulas de milho. Fisiologia Vegetal Bioquímica 41 : 985-991

Aebi H (1984) Catalase in vitro. Methods Enzymol 105 : 121-126

Akpinar N, Akpinar MA, Tiirkoglu S (2001) Total lipid content and fatty acid composition of the seeds of some *Vicia* L. species. Food Chem 74 : 449-453

Almagro L, Gomez-Ros LV, Belchi-Navarro S, Bru R, Ros-Barcelo A, Pedreno MA (2009) Peroxidases de classe III nas reacções de defesa das plantas. J Exp Bot 60 : 377390

Anstis PJP, Friend J (1974) The distribution of lipoxygenase isoenzymes from ethiolated pea seeds. Planta 115: 329-335

Apel K, Hirt H (2004) Reactive oxygen species: metabolism, oxidative stress and signal transduction. Annu Rev Plant Biol 55 : 373-399

Axelrod B, Cheesbrough TM, Zimmer S (1981) Soybean lipoxygenase. Methods Enzymol 71 : 441-451

Aykroyd WR, Doughty J (1964) Pulses in the human diet. Organização das Nações Unidas para a Alimentação e a Agricultura, Volume 19, Roma, p. 138.

Bailly C, Benamar A, Corbineau F, Come D (1996) Modifications of malondialdehyde content and superoxide dismutase, catalase and glutathione reductase activities in sunflower seeds in relation to deterioration during accelerated ageing. Fisiologia vegetal 97 : 104-110

Bailly C, Audigier C, Ladonne F, Wagner MH, Coste F, Corbineau F, Come D (2001) Changes in oligosaccharide content and antioxidant enzyme activities in developing bean seeds in relation to the acquisition of drying tolerance and seed quality. J Exp Bot 52: 701-708

Bailly C, Bogatek-Leszczynska R, Come D, Corbineau F (2002) Alterações na atividade das enzimas antioxidantes e da lipoxigenase durante o crescimento de plântulas de girassol a partir de sementes de diferentes crescimentos. Seed Sci Res 12 : 47-55

Bailly C (2004) Active oxygen species and antioxidants in seed biology (Espécies activas de oxigénio e antioxidantes na biologia das sementes). Investigação científica sobre sementes 14 : 93-107

Bailly C, El-Maarouf-Bouteau H, Corbineau F (2008) Das redes de sinalização intracelular à morte celular: o duplo papel das espécies reactivas de oxigénio na fisiologia das sementes. Comptes Rendus Biol 331 : 806-814

Baker CJ, Orlandi EW (1995) Active oxygen in plant pathogenesis (Oxigénio ativo na patogénese das plantas). Annu Rev Phytopathol 33 : 299-321

Bogdanovic J, Radotic K, Mitrovic A (2008) Alterações na atividade das enzimas antioxidantes durante a germinação de sementes de *Chenopodium murale*. Biol Plant 52 : 396-400

Bolwell GP, Bindschedler LV, Blee KA, Butt VS, Davies DR, Gardner S, Gerrish C, Minibayeya F (2002) The apoplastic oxidative burst in response to biotic stress in plants: a three-component system. J Exp Bot 53 : 1367-1376

Boyd N, Acker RV (2004) Germinação de sementes de espécies de infestantes comuns influenciada pela concentração de oxigénio, luz e potencial osmótico. Weed Sci 52 : 589-596

Chateigner A-L, Le Deunff Y, Jalouzot R (1999) Modificações devidas à germinação no conteúdo descrito das lipoxigenases das plântulas de ervilha. Lipoxigenase-g: um novo marcador para o reinício do crescimento axial. Planta 208: 606-613

Clifton R, Lister R, Parker K L, Sappl PG, Elhafez D, Millar AH, Day DA, Whelan J (2005) Coexpressão induzida pelo stress de componentes laterais da cahine respiratória em *Arabidopsis thaliana*. Plant Mol Biol 58 : 193-212

De Gara L (2004) Peroxidases de classe III e metabolismo do ascorbato nas plantas. Phytochem Rev 3 : 195-205

De Tullio MC, Arrigoni O (2003) O sistema do ácido ascórbico nas sementes: proteger e servir. Seed Sci Res 13 : 249-260

El-Maarouf-Bouteau H, Bailly C (2008) Transmissão de sinais oxidativos durante a germinação e multiplicação de sementes. Comportamento dos sinais vegetais 3 : 175-182

Estabrook RW (1967) Controlo da respiração mitocondrial e medições polarográficas da relação ADP/O. Methods of enzymology 10: 41-47.

Fath A, Bethke, PC, Jones RL (2001) Reactive oxygen species scavenging enzymes are down-regulated prior to gibberellic acid-induced programmed cell death in barley aleurones. Plant Physiology 126: 156-166

Feussner I, Hause B, Nellen A, Wasternack C, Kinde H (1996) A lipoxigenase de corpo lipídico é expressa nos cotilédones durante a germinação antes de outras formas de lipoxigenase. Planta 198 : 288-293

Feussner I, Balkenhol TJ, Porzel A, Wasternack C (1997) Elucidação estrutural de lípidos de armazenamento oxigenados em cotilédones de pepino. Implicações da lipoxigenase do corpo lipídico na mobilização de lípidos durante a germinação. J Biol Chem 272 : 2163521641.

Feussner I, Hartmut K e Wasternack C (2001) Lipoxygenase-dependent degradation of storage lipids. Tendências em Ciências Vegetais 6 : 268-273

Feussner I, Wasternack C (2002) The lipoxygenase pathway. Annu Rev Plant Biol 53 : 275-297

Foyer CH, Halliwell B (1976) The presence of glutathione and glutathione reductase in chloroplasts: a proposed role in ascorbic acid metabolism. Planta 133 : 21-25

Giannopolitis CN e Ries SK (1977) Superoxide dismutases, I: Occurrence in higher plants. Fisiologia Vegetal 59: 309-314

Gidrol X, Lin WS, Degousee N, Yip SF, Kush A (1994) Acumulação de espécies reactivas de oxigénio e oxidação de citocinina em sementes de soja em germinação. Eur J Biochem 224 : 21-28

Goodman BA, McPhail DB, Linehan DJ (1986) Oxygen-induced free radicals in wheat roots. Free Radic Res Commun 2 : 173-178

Guss PL, Macko V, Richardson T, Stachmann MA (1968) Lipoxidae in early growth of wheat. Plant Cell Physiol 9 : 415-422

Harbone JB, Boulter D, Turner BE (1971) Chemataxonomy of the Leguminosae. Londres: Academic Press

Heath RL e Packer L (1968) Photoperoxidation in isolated chloroplasts. I. Cinética e estequiometria da peroxidação de ácidos gordos. Arch Biochem Biophys 125: 189-198

Hildebrand DF (1989) Lipoxygenases. Fisiologia Vegetal 76: 249-253

Hite DRC, Auh C, Scandalios JG (1999) A atividade da catalase e o teor de peróxido de hidrogénio estão inversamente correlacionados na faveleira do milho durante a germinação das sementes. Relatórios Redox 4 : 29-34

Holtman WL, Van Duijn G, Sedee NJA, Douma AC (1996) Differential expression of lipoxygenase isozymes in germinated barley embryos. Fisiologia Vegetal 111 : 569-576

Ishii-Iwamoto EL, Abrahim D, Sert MA, Bonato CM, Kelmer-Bracht AM, Bracht A (2006) Mitochondria as a site of allelochemical action. In: Reigosa MJ, Pedrol N, Gonzalez L (Org) Allelopathy: A physiological process with ecological implications. Springer Science, Países Baixos, p. 267-284

Jones Q, Earle FR (1966) Chemical analysis of seeds. II. Teor de óleo e proteína de 759 espécies. Econ Bot 20: 127-155

Kern KA, Pergo EM, Kagami FL, Arraes LS, Sert MA, Ishii-Iwamoto EL (2009) Phytotoxic effects of exogenous ethanol on *Euphorbia heterophylla* L. Plant Physiol Biochem (no prelo)

Kowaltowski AJ, Vercesi AE (1999) Mitochondrial involvement in apoptosis: towards a mitochondrial hypothesis of the evolution of apoptosis.

Radicaux libres Biol Medic 26 : 475-483

Kwak JM, Nguyen V, Schoeder JI (2006) The role of reactive oxidative species in hormonal reactions. Fisiologia Vegetal 141: 323-329

Laloi C, Rayapuram N, Chartier Y, Grienenberger JM, Bonnard G, Meyer Y (2001) Identification and characterization of a mitochondrial thioredoxin system in plants. Porc Natl Acad Sci 98: 14144-14149.

Larkin PJ (1987) O nível de calmodulina não é responsável pela tolerância ao alumínio no trigo. Austral J Plant Physiol 14: 377-387

Lee CY (1982) Alcohol dehydrogenase in *Drosophila melanogaster*. Methods Enzymol 89 : 445-450

Levine RL, Berlett BS, Moskovitz J, Mosoni L & Stadtman ER (1999) Os resíduos de metionina podem proteger as proteínas de danos oxidativos críticos. Mechanis Ageing Develop107 : 323-332

Little C, O'Brian PJ (1968) Intracellular glutathione-reduced peroxidase with a lipid peroxide substrate. Arch Biochem Biphys Res Commun 31: 145-150

Lowry O, Rosebrough NJ, Farr AL (1951) Medições de proteínas com folinfenol. J Biol Chem 193 : 265-275

Maguire JD (1962) Speed of germination-aid in selection and evaluation for seedling emergence and vigor. Crop Sci 2: 176-177

Maxweel DP, Wang Y, McIntosh L (1999) Alternative oxidase reduces mitochondrial reactive oxygen production in plant cells. Proc Natl Acade Sci USA 96: 8271-8276

McDonald MB (1999) Seed deterioration: physiology, repair and assessment (Deterioração das sementes: fisiologia, reparação e avaliação). Seed Sci Technol 27 : 177-237

Mittler R (2002) Oxidative stress, antioxidants and stress tolerance. Tendências em Ciências Vegetais 7 : 405-410

Mittler R, Vanderauwera S, Gollery M, Van Breusegem F (2004) Plant reactive oxygen gene network. Tendências da Ciência Vegetal 9 : 490-498

Mousel G, Schindler T, Bergfeld R, Ruel K, Jaquet G, Lapieree C, Speth V, Schopepfer P (1997) Estrutura e distribuição da lenhina nas paredes celulares primárias e secundárias dos coleóptilos de milho, analisadas com sondas químicas e imunológicas. Planta 201 : 146-159

Nakano Y, Asada K (1981) Hydrogen peroxide is captured by ascorbate-specific peroxidase in spinach chloroplasts. Planta Cell Physiol 22: 867-880

Navrot N, Rouhier N, Gelhaye E, Jacquot JP (2007) Geração de espécies reactivas de oxigénio e sistemas antioxidantes nas mitocôndrias das plantas. Physiol Plant 129 : 185-195

Noctor G, Foyer CH (1998) Ascorbate and glutathione: keeping active oxygen under control. Annu Rev Plant Physiol Plant Mol Biol 49: 249-279

Ohta H, Ida S, Mikami B, Morita Y (1986) Modifications of lipoxygenase components in rice seedlings during germination. Plant Cell Physiol 27: 911918

Oracz K, El-Maarouf-Bouteau H, Kranner I, Bogatek R, Corbineau F, Bailly C (2009) Os mecanismos envolvidos na redução da dormência das sementes por cianeto de hidrogénio revelam o papel das espécies reactivas de oxigénio como factores-chave na sinalização celular durante a germinação. Fisiologia vegetal 150 : 496-505

Passardi F, Cosio C, Penel C, Dunand C (2005) As peroxidases têm mais funções do que um canivete suíço. Relatórios sobre células vegetais 24 : 255-265

Pergo E M, Abrahim D, Silva P C S, Kern KA, Silva LJ, Voll E, Ishii-Iwamoto E L (2008) *Bidens pilosa* L. exibe alta sensibilidade à cumarina em comparação com três outras espécies de plantas daninhas. J Chem Ecol 34 : 499-507

Puntarullo S, Galleano M, Sanchez RA, Boveris A (1988) Metabolismo do peróxido de hidrogénio nos eixos embrionários da soja durante o início da germinação. Fisiologia Vegetal 86 : 626-630

Putter J (1974) Les peroxydases. In: Bergmeryer HV (eds) Methods of Enzymatic Analysis. Verlag Chemie, Weinheim, Academic Press Inc, Nova Iorque, p. 685.

Quiroga M, Guerrero C, Botella MA, Barcelo A, Amaya I, Medina MI, Alonso FJ, Milrad de Forchetti S, Tigier H, Valpuesta V (2000) A tomato peroxidase involved in lignin and suberin synthesis. Fisiologia Vegetal 122 : 1119-1128

Rey P. Cuine S, Eymery F, Garin J, Court M, Jacquot JP, Routhier N, Broin M (2005) Analyse des protéines ciblées par CDSP32, une thioredoxine plastiquée participant à la réponse au stress oxydatif. Plant Physiol (no prelo)

Rodriguez-Conception M, Gomez MD, Beltran JP (1995) A repressão do gene da lipoxigenase *lox g* da ervilha está ligada ao desenvolvimento do carpelo. Plant Mol Biol 27 : 887-899

Rolletschek H, Weber H, Borisjuk L (2003) Energy status and its control on legume embryogenesis. A fotossíntese do embrião contribui para a oxigenação e está associada a fluxos biossintéticos. Fisiologia vegetal 132 : 1196-1206

Schopfer P, Plachy C, Frahry G (2001) Libertação de intermediários reactivos de oxigénio (radicais superóxido, peróxido de hidrogénio e radicais hidroxilo) e peroxidase em sementes de rabanete em germinação sob o controlo da luz, da giberelina e do ácido abscísico. Fisiologia Vegetal 125: 1591-1602

Seo PJ, Lee AK, Xiang F, Park CM (2008) Perfil molecular e funcional de genes relacionados com a patogénese da Arabidopsis: perspectivas sobre o seu papel na resposta ao sal na germinação de sementes. Fisiologia celular das plantas 49: 334-344

Siedow JN, Girvin ME (1980) Alternative respiratory pathway. Fisiologia Vegetal 65: 669-674

Smith IK (1985) Stimulation of glutathione synthesis in photorespirant plants by catalase inhibitors. Fisiologia Vegetal 79:1044-1047

Spiteller G (2003) A relação entre as alterações da parede celular, a peroxidação lipídica, a proliferação, a senescência e a morte celular. Physiol Plant 119 : 5-18

Staniek K, Nohl H (2000) As mitocôndrias são uma fonte permanente de espécies reactivas de oxigénio. Biochem Biophys Ata 1460 : 268-275

Tiwari BS, Belenghi B, Levine A (2002) O stress oxidativo aumenta a respiração e a formação de espécies reactivas de oxigénio, levando à depleção de ATP, à abertura da transição da permeabilidade mitocondrial e à morte celular programada. Fisiologia Vegetal 128: 1271-1281

Tranbarger TJ, Franceschi VR, Hildebrand DF, Grimes HD (1991) A proteína de armazenamento vegetativo da soja 94-kilodalton é uma lipoxigenase localizada nos vacúolos das células do mesófilo paraveinal. Célula vegetal 3: 973-987

Van Loon LC, Rep M, Pieterse CMJ (2006) Importance of inducible defence-related proteins in infected plants. Ann Rev of Phyto 44: 135-162

Vertucci CW, Farrant JM (1995) Acquisition and loss of desiccation tolerance. In: Kigel J, Galili G. (eds) Seed Development and Germination. Marcel Dekker, Nova Iorque, p. 237-271.

Waters I, Morrell S, Greenway H, Colmer TD (1991) Effects of anoxia on wheat seedlings. II. Influência do fornecimento de O2 antes da anoxia na tolerância à anoxia, fermentação alcoólica e teor de açúcar. J Exp Bot 42 : 1437-1444

Wojtyla L, Garnczarska M, Zalewski T, Bednarski W, Ratajczak L, Jurga S (2006) Um estudo comparativo da distribuição de água, produção de radicais livres e ativação do metabolismo antioxidante em sementes de ervilha em germinação. J Plant Physiol 163 : 1207-1220

QUADROS

Tabela 1: Efeitos do a-pineno na germinação, comprimento e peso fresco de raízes primárias e hipocótilos de *I. triloba* e *S. obtusifolia* cultivados durante 48 h na ausência (controlo) ou presença DE 500 ɥM a-pineno. Todos os valores são as médias ± SEM de quatro experiências independentes. Diferenças significativas entre plântulas tratadas com a-pineno e não tratadas foram determinadas por ANOVA com o teste de Duncan (*P< 0,05).

Condições	Germinação (%)	Comprimento da raiz (mm)	Comprimento do hipocótilo (mm)	Peso fresco da raiz (mg)	Peso fresco do caule (mg)
Espécies			*Ipomoea triloba* L.		
Controlo (DMSO)	29.17±3.18	14.98±0.90	10.93±0.63	8.65±0.53	12.01±0.58
a-Pineno (500 ɥM)	31.25±2.25	11.65±0. (-22%)	72*10.10±0.50	6.81±0.34* (-21.3%)	11.33±0.93
Espécies			*Senna obtusifolia* L.		
Controlo (DMSO)	26.25±0.75	5.35±0.07	5.75±0.34	7.98±0.19	12.26±1.24
a-Pineno (500 ɥM)	21.67±2.04	4.33±0.21* (-19%)	5.45±0.67	6.53±0.52* (-18%)	10.92±0.96

Tabela 2: Efeitos do a-pineno na atividade respiratória de raízes primárias de *I.* e *S. obtusifolia* cultivadas durante 48 h na ausência (controlo) ou na presença de 500 ɥM a-pineno. O consumo de oxigénio foi medido por polarografia na ausência (respiração total) ou na presença de 200 ɥM KCN (respiração insensível a KCN). Respiração sensível ao KCN: diferença entre a respiração total e a respiração insensível ao KCN. Todos os valores são médias ± SEM de seis experiências independentes. As diferenças significativas entre as médias foram determinadas por ANOVA com o teste de Duncan (P<0,05). Símbolos: (*) Valores para amostras tratadas com a-pineno que diferem estatisticamente das amostras de controlo correspondentes.

Condições	Respiração total	Insensível ao KCN	KCN sensível
		$_2{}^{x-1}$ ^{x}nmol O min g de peso fresco^{-1}	
		Ipomoea triloba L.	
Controlo	587.30±36.52	36.84± 15.20	550.60±29.50

a-pineno (500 цM)	964.20±105.60* (+64%)	187.30±11.16* (+408%)	775.90±104.30 (+41%)
		Senna obtusifolia L.	
Controlo	367.20±19.95	135.50±15.86	231.60±13.80
a-pineno (500 цM)	465.60±17.74* (+27%)	270.10±12.17* (+100%)	185.40±10.43* (-20%)

a-Pineno (500 цM)	45.28±3.43	9.98±0.44	0.126±0.0074	0.0126±0.00068 *(+45%)	0.53±0.053* (+83%)	1036±63.54* (+53%)
				Senna obtusifolia L.		
Controlo	41.01±1.359	20.12±2.1	0.25±0.026	0.064±0.0031	0.013±0.0011	2.88±0.284
a-Pineno (500 цM)	41.97±1.545	20.89±1.8	0.28±0.022	0.067±0.0026	0.0129±0.002	4.52±0.89

Tabela 3: Efeitos do a-pineno nas actividades das enzimas antioxidantes e da lipoxigenase em raízes primárias de *I. triloba* e *S. obtusifolia* cultivadas durante 48 h na ausência (controlo) ou na presença DE 500 цM a-pineno. Todos os valores são médias ± SEM de 4-7 experiências independentes. As diferenças significativas entre as médias foram determinadas por ANOVA com o teste de Duncan (P<0,05). Símbolos: (*) Valores para amostras tratadas com a-pineno que diferem estatisticamente das amostras de controlo correspondentes.

Tabela 4: Efeitos do a-pineno nos níveis de MDA, GSSG e GSH em raízes primárias de *I. triloba* e *S. obtusifolia* cultivadas durante 48 h na ausência (controlo) ou na presença de 500 L.lM de a-pineno. Todos os valores são médias ± SEM de cinco experiências independentes. As diferenças significativas entre as médias foram determinadas por ANOVA com o teste de Duncan (P<0,05). Símbolos: (*) Valores para amostras tratadas com a-pineno que diferem estatisticamente das amostras de controlo correspondentes.

Condições	MDA	GSSG	GSH
	nmol x g de peso fresco^{-1}	L.imol x g de peso fresco^{-1}	

		Ipomoea triloba L.	
Controlo	5.22±0.22	0.27±0.015	0.12±0.02
a-Pineno (500 цM)	7.41±0.42* (+42%)	0.27±0.019	0.16±0.028
		Senna obtusifolia L.	
Controlo	14.94±1.3	4.57±0.47	16.16±1.34
a-Pineno (500 цM)	18.94±3.35	4.56±0.30	20.90±2.32

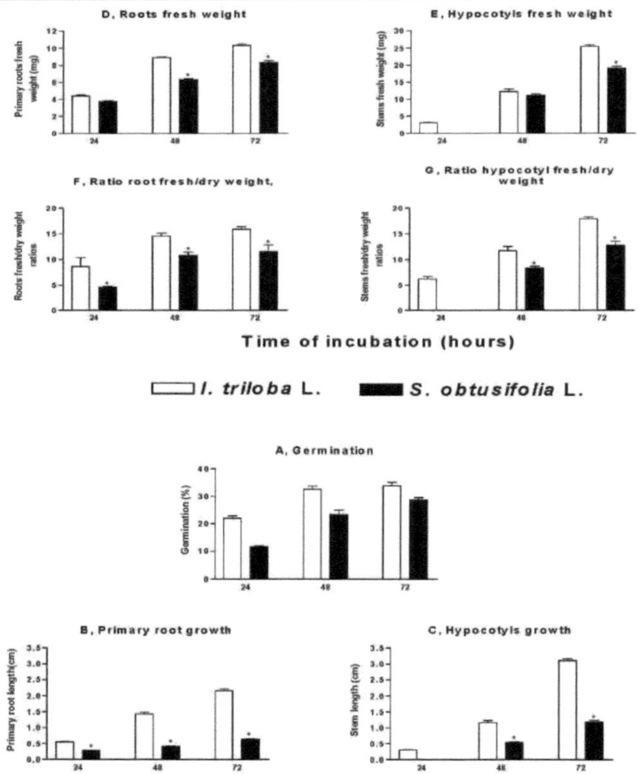

Figura 1: Germinação (A), comprimento da raiz primária (B), comprimento do hipocótilo (C), peso fresco da raiz (D), peso fresco do hipocótilo (E), relação peso fresco da raiz/peso seco (F) e relação peso fresco do hipocótilo/peso seco de *I. triloba* e *S. obtusifolia.* $^{-21}$As sementes foram germinadas e cultivadas nas seguintes condições: fotoperíodo de 12 horas, 30°C, densidade de fluxo de fotões de aproximadamente 230 limol m s' . Após cada intervalo

de ensaio (24, 48 e 72 horas), as raízes e os hipocótilos foram cortados e o seu comprimento e peso fresco medidos. Todos os valores são médias de 4-5 ensaios independentes. As barras de erro são SEM. As diferenças significativas entre os parâmetros correspondentes de *I. triloba* e *S. obtusifolia foram* determinadas por ANOVA com teste de Duncan (*): $P< 0{,}05$.

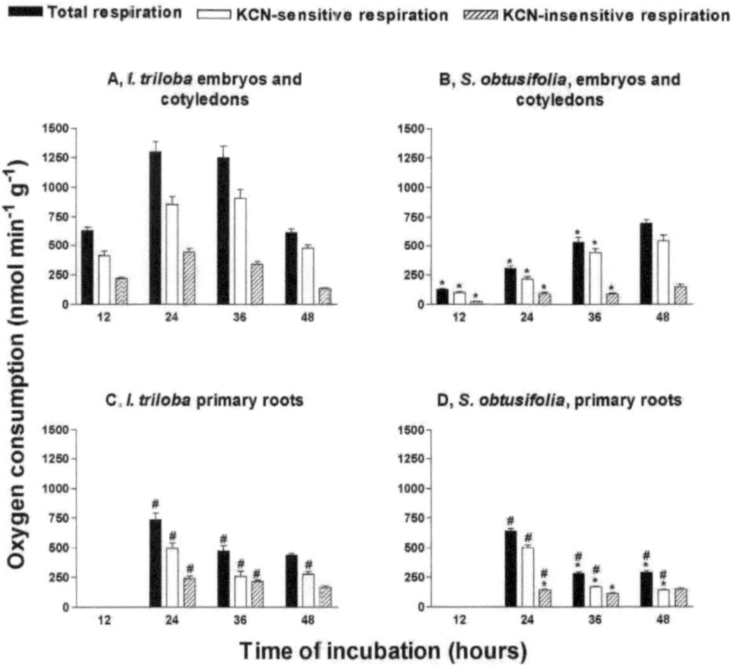

Figura 2 Curso temporal da atividade respiratória em embriões, cotilédones e raízes primárias de *I. triloba* e *S. obtusifolia*. As sementes foram incubadas durante 12 a 48 horas. Para medir o consumo de oxigénio, os embriões, cotilédones ou raízes primárias foram colhidos e colocados num recipiente com elétrodo de oxigénio contendo 2,0 ml de meio de cultura. O consumo de oxigénio foi medido por polarografia durante aproximadamente 12-15 min na ausência (respiração total) ou na presença de 200 μM KCN (respiração insensível ao KCN). Respiração sensível a KCN: diferença entre a respiração total e a respiração insensível a KCN. Todos os valores são médias de 3-5 experiências independentes. As barras de erro são SEM. As diferenças significativas entre as médias foram determinadas por ANOVA com o teste de Duncan ($P<0{,}05$). Símbolos: (*) valores da amostra de *S.* obtusifolia estatisticamente diferentes dos valores correspondentes de *I. triloba*, (#) valores da raiz primária estatisticamente diferentes dos

valores do cotilédone na mesma altura da experiência.

Figura 3: Curso temporal da atividade da álcool desidrogenase (A, B) e da atividade da lipoxigenase (C, D) em embriões, cotilédones e raízes primárias de *I. triloba* e *S. obtusifolia*. Os embriões, cotilédones e raízes primárias foram colhidos de sementes ou plântulas embebidas e incubados durante 12, 24, 36 e 48 h para obter extractos enzimáticos. A atividade da álcool desidrogenase (A, B) foi medida em um meio de reação contendo 1,0 mM NAD+ e 120 μM n-propanol. A atividade da lipoxigenase (C, D) foi medida por polarografia na presença de 1,5 mM de ácido linolénico. Cada ponto de dados é a média de 4-6 (álcool desidrogenase) ou 4-7 (lipoxigenase) experiências independentes. As barras verticais são SEM. As diferenças significativas entre as médias foram determinadas por ANOVA com o teste de Duncan (P<0,05). Símbolos: (*) valores de amostras de *S.* obtusifolia estatisticamente diferentes dos valores correspondentes de *I. triloba*, (#) valores de raízes primárias estatisticamente diferentes dos valores de cotilédones da mesma espécie e na mesma altura da experiência.

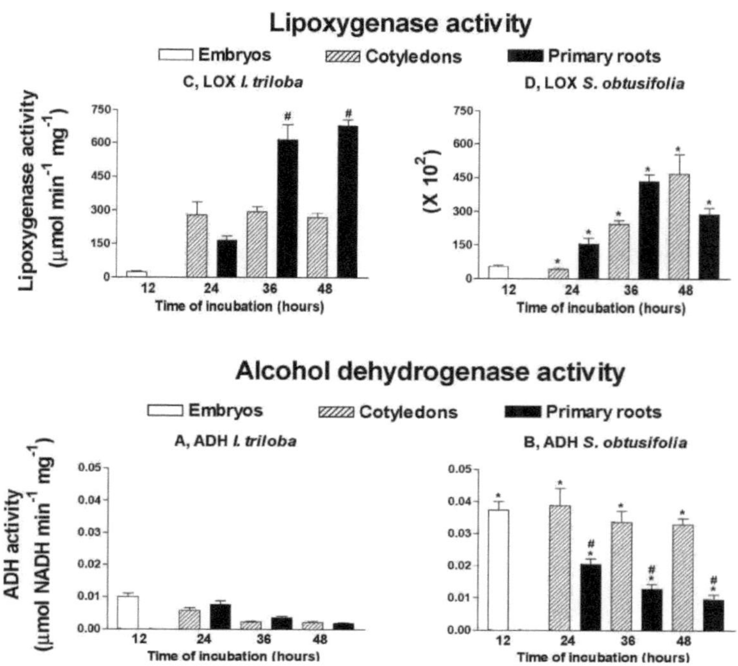

54**Figura 4:** Curso temporal das actividades da superóxido dismutase (SOD, A, B), catalase (CAT, C, D) e peroxidase (POD, E, F) em embriões, cotilédones e raízes primárias de *I. triloba* e *S. obtusifolia*. Embriões, cotilédones e raízes primárias foram retirados de sementes ou plântulas embebidas, que foram incubadas durante 12, 24, 36 e 48 horas para obter extractos enzimáticos. O método de inibição da fotorredução do NBT foi utilizado para medir a atividade da superóxido dismutase. A atividade da catalase foi medida pela taxa de consumo de H2O2. A atividade da peroxidase foi medida pela redução do guaiacol na presença de H2O2. Cada ponto de dados é a média de 4 a 7 experiências independentes. As barras verticais são SEM. As diferenças significativas entre as médias foram determinadas por ANOVA com o teste de Duncan (P<0,05). Símbolos: (*) valores de amostras de *S.* obtusifolia estatisticamente diferentes dos valores correspondentes de *I. triloba*, (#) valores de raízes primárias estatisticamente diferentes dos valores de cotilédones da mesma espécie e na mesma altura da experiência.

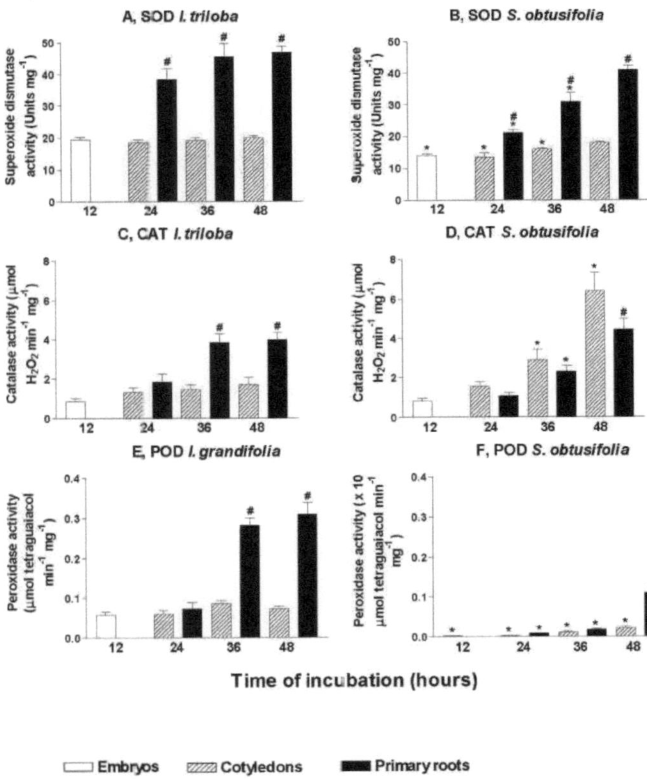

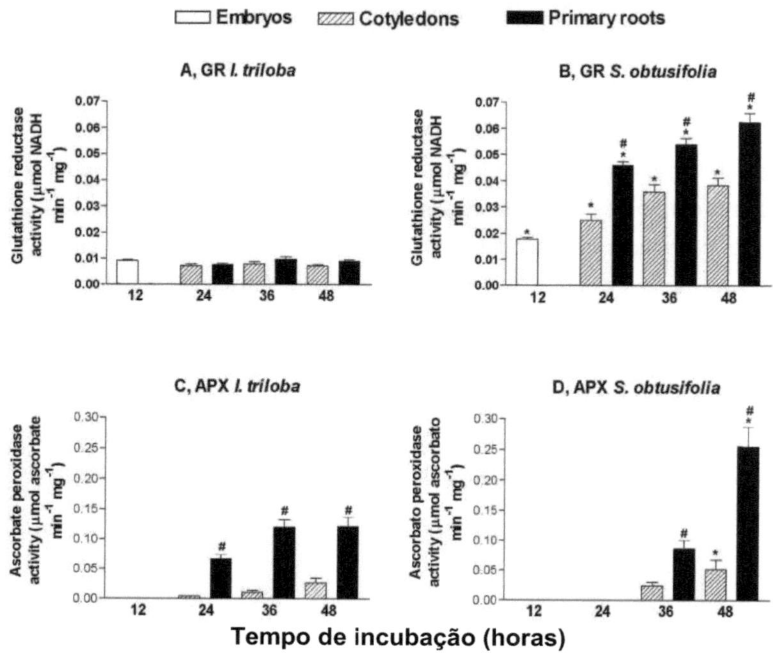

Figura 5. Curso temporal das actividades da glutationa redutase (GR, A, B) e da ascorbato peroxidase (APX, C, D) em embriões, cotilédones e raízes primárias de *I. triloba* e *S. obtusifolia*. Os embriões, cotilédones e raízes primárias foram colhidos de sementes ou plântulas embebidas e incubados durante 12, 24, 36 e 48 horas para obter extractos enzimáticos. A atividade da GR foi medida pela taxa de oxidação do NADPH na presença de glutatião oxidado. A peroxidase do ascorbato foi avaliada pela taxa de oxidação do ascorbato na presença de H_2O_2. Cada ponto de dados é a média de 4 a 6 experiências independentes. As barras verticais são SEM. As diferenças significativas entre as médias foram determinadas por ANOVA com o teste de Duncan ($P<0,05$). Símbolos: (*) valores de amostras de *S.* obtusifolia estatisticamente diferentes dos valores correspondentes de *I. triloba*, (#) valores de raízes primárias estatisticamente diferentes dos valores de cotilédones da mesma espécie e na mesma altura da experiência.

Efeitos de aleloquímicos na atividade respiratória e na atividade de enzimas antioxidantes de duas espécies de plantas daninhas, *Ipomoea triloba* L. e *Senna obtusifolia* L.

Erica Marusa Pergo e Emy Luiza Ishii-Iwamoto†

Laboratório de Oxidação Biológica, Departamento de Bioquímica, Universidade de Maringá,
87020900 Maringá, Brasil.

RESUMO

Catorze aleloquímicos diferentes foram estudados quanto à sua fitotoxicidade em *Ipomoea triloba* L. e *Senna obtusifolia* L., duas infestantes problemáticas em culturas e plantações. Foram também estudados os efeitos dos aleloquímicos mais activos na atividade respiratória mitocondrial e nos parâmetros do sistema de defesa antioxidante. As actividades da superóxido dismutase (SOD, EC 1.15.1.1.), da catalase (CAT, EC 1.11.1.6), da peroxidase (POD, EC 1.11.1.7), da ascorbato peroxidase (APX, EC 1.11.1.11), da glutatião redutase (GR, EC 1.6.4.2) e a lipoxigenase (LOX, EC 1.13.11.12) foram medidas em raízes primárias de ambas as espécies que cresceram durante 48 horas na ausência ou na presença de aleloquímicos activos. O conteúdo de malondialdeído (MDA) e glutatião oxidado e reduzido foi também determinado. *I. triloba* e *S. obtusifolia* reagiram de forma diferente aos aleloquímicos estudados e mostraram

†Autor correspondente
Pertencente: Laboratório de oxidação biológica,
Departamento de Bioquímica,
Universidade de Maringá, 87020900 Maringá, Brasil.
Correio eletrónico: eliiwamoto@uem.br
Fax: 55-44-32614896

sensibilidades diferentes. Em geral, os índices de germinação de *I. triloba* não foram alterados, mas o crescimento das plântulas foi afetado. Em contraste, a germinação de *S. obtusifolia* foi afetada por vários aleloquímicos, mas houve poucas alterações nos parâmetros de crescimento das plântulas. Os compostos mais activos, o ácido ferúlico, o a-pineno, a cumarina e a quercetina, estimularam a atividade respiratória das raízes primárias em ambas as espécies. Os aleloquímicos activos estimularam uma ou mais enzimas envolvidas na neutralização do H2O2 em *I. triloba*, enquanto não alteraram as actividades enzimáticas em *S. obtusifolia. A* maior sensibilidade de *I. triloba* ao stress oxidativo induzido por aleloquímicos foi também demonstrada pelo aumento da atividade da lipoxigenase e pelo teor elevado de MDA em plântulas tratadas com a-pineno.

Palavras-chave: *I. triloba* L.; *S. obtusifolia* L.; aleloquímica; germinação, respiração, enzimas antioxidantes, stress oxidativo.

INTRODUÇÃO

A Senna obtusifolia (sinónimos *Cassia obtusifolia* L. = *C. tora* L.), uma infestante dicotiledónea da família das leguminosas (Fabaceae), é uma planta anual que se reproduz por semente e está disseminada nas regiões tropicais e subtropicais do mundo. *A Senna obtusifolia é uma* importante espécie infestante em 26 culturas diferentes em 67 países, sendo as mais comuns a soja, o salgueiro, o amendoim, o algodão e a cana-de-açúcar (Holm et al., 1997). A competição e o incómodo causados pelas espécies infestantes resultam geralmente numa redução considerável da produtividade das plantas, da ordem dos 20 a 50% (Thurlow e Buchanan, 1972; Teem et al., 1980).

Ipomoea triloba L. (sinónimos *Ipomoea grandifolia* (Dammer) O' Don), é uma planta daninha dicotiledónea da família das trepadeiras (Convolvulaceae). É uma planta anual da América do Sul que se reproduz por sementes. No Brasil, é responsável por perdas de produtividade em diversas culturas, principalmente na soja, mas também compete com algodão, café, cana-de-açúcar, feijão, frutas, fumo, mamona, mandioca, milho e sorgo (Holm et al., 1997).

A agricultura moderna está centrada na produtividade e, por conseguinte, depende da utilização maciça de produtos químicos sintéticos para controlar as ervas daninhas e outras pragas. Este facto conduziu, sem dúvida, a um aumento da produção agrícola, mas com efeitos negativos na qualidade do ambiente e na saúde humana. Além disso, os biótipos resistentes aos herbicidas sintéticos estão a tornar-se cada vez mais difundidos e prevalecentes. Devido a estas consequências negativas, existe um interesse crescente no desenvolvimento de métodos alternativos de controlo de infestantes baseados em produtos naturais. As plantas produzem milhares de produtos secundários que constituem um vasto reservatório de novas estruturas químicas com atividade biológica. A utilização de espécies vegetais com propriedades supressoras de infestantes foi, por conseguinte, considerada para o controlo biológico de infestantes nas culturas, e a identificação das suas substâncias activas pode revelar potenciais fontes de herbicidas (Putnam e Duke, 1974; Matias, 1995; Wu et al., 1999; Duke et al., 2000; Vyvyan, 2002; Khanh et al., 2006). Numerosos produtos vegetais secundários pertencentes às classes dos fenóis, flavonóides e terpenóides foram propostos como os compostos responsáveis pela supressão do crescimento das plantas, incluindo espécies infestantes (Reigosa et al., 1999; Vaughn e Spencer, 1993; Dudai et al., 1999; Duke et al., 2000; Chon e Kim, 2004; Kohli et al., 2006). Foi demonstrado que muitos destes compostos estão envolvidos em interacções alelopáticas tanto em ecossistemas naturais como agrícolas (Inderjit e Duke, 2003). Quando estes compostos, conhecidos como aleloquímicos, reduzem o crescimento da planta recetora, este fenómeno é considerado um stress biótico, conhecido como "stress aleloquímico" (Cruz-Ortega et al., 2002; Romero-Romero et al., 2002). Este stress ambiental pode atuar como um mecanismo de interferência e influenciar o padrão da vegetação, o crescimento das infestantes e a produtividade das plantas (Weir et al., 2004).

Ao contrário dos numerosos estudos que relatam os efeitos dos produtos aleloquímicos de diferentes classes na supressão do crescimento das plantas (Reigosa et al., 1999; Vaughn e Spencer, 1993; Dudai et al., 1999; Duke et al., 2000; Chon e Kim, 2004; Kohli et al., 2006), existem poucos estudos sobre o seu modo de ação, particularmente em espécies de infestantes.

A germinação das sementes é uma fase crítica no ciclo de vida das infestantes. Quando as sementes secas e dormentes absorvem água, o consumo de oxigénio aumenta e o metabolismo energético torna-se muito ativo, permitindo a biossíntese de macromoléculas e o transporte de solutos necessários para que a germinação se complete. O metabolismo respiratório mitocondrial fornece a maior parte do ATP necessário para estes processos nas fases iniciais da imbibição das sementes. No entanto, a reativação do metabolismo mitocondrial é também uma fonte importante de espécies reactivas de oxigénio (ROS). Em condições de normoxicidade, cerca de 2 a 3% do oxigénio consumido pelas mitocôndrias pode ser convertido em superóxido e H2O2 (Puntarullo et al., 1988). A toxicidade das ERO na produção de danos oxidativos nas macromoléculas celulares está bem documentada (Bailly et al., 1996; Gidrol et al., 1994; McDonald, 1999).

O nível de homeostase dos ERO resulta de uma alteração do equilíbrio entre os processos de produção e de captação de ERO. Para estes últimos, as plantas dispõem de compostos antioxidantes solúveis, como o ácido ascórbico, a vitamina E e a glutationa (De Tullio e Arrigoni, 2003; Noctor e Foyer, 1998), bem como de uma série de enzimas reparadoras e protectoras capazes de destruir eficazmente os radicais superóxidos e o peróxido de hidrogénio. Estas enzimas incluem a superóxido dismutase (SOD), a catalase, as peroxidases, as enzimas do sistema tioredoxina e as enzimas do ciclo ascorbato-glutatião (Navrot et al., 2007).

A perturbação das vias de produção de ROS, como a cadeia respiratória mitocondrial ou as actividades das enzimas antioxidantes, pode ter efeitos prejudiciais nas células e afetar a germinação e o crescimento das plântulas. A indução de stress oxidativo nas sementes/plântulas pode mesmo ser um mecanismo de ação dos herbicidas nas espécies infestantes. Sabe-se que alguns herbicidas causam a morte celular ao desencadear um estado de stress oxidativo devido à perturbação do fluxo de electrões no fotossistema (PSII) ou à inibição da síntese de compostos antioxidantes, como os carotenóides (Kruse et al., 2006).

Há provas de que certos aleloquímicos causam danos oxidativos nas plantas (Cruz-Ortega et al., 2002; Bais et al., 2003; Weir et al., 2004; Abenavoli et al., 2006). Por exemplo, Romero-Romero et al (2005) demonstraram que os aleloquímicos presentes nos extractos de *Sicyos deppei* aumentavam a produção de espécies reactivas de oxigénio (ROS), a peroxidação lipídica da membrana e a atividade da catalase nas raízes de *Lycopersicon esculentum* Mill. Mostrámos também que a cumarina induziu um estado de stress oxidativo em *Bidens pilosa* L., como demonstrado pela maior atividade da lipoxigenase e pelo teor de dieno conjugado nos extractos de raiz. Este efeito pró-oxidante da cumarina foi também observado por Abenavoli et al (2003, 2006) com base em alterações nas actividades das enzimas antioxidantes em plântulas de trigo duro (*Triticum turgidum*).

Neste contexto, o objetivo do presente trabalho foi determinar quais dos catorze compostos (aleloquímicos) apresentaram uma fitotoxicidade elevada e selectiva sobre
Ipomoea triloba L. e *Senna obtusifolia* L., e estudar quais deles provocam um estado de stress oxidativo afectando a atividade respiratória mitocondrial ou os sistemas de defesa antioxidante. Escolhemos compostos representativos das classes dos fenóis e dos terpenóides, nomeadamente o ácido vanílico, o ácido p-cumárico, o ácido protocatequico, o ácido ferúlico, o ácido cafeico, a cafeína, o ácido aconítico, a quercetina, a rutina, a cumarina, o eucaliptol, a cânfora, o a-pineno e o limoneno. Foram avaliados os efeitos do a-pineno, da cumarina, da quercetina e do ácido ferúlico, os compostos mais activos identificados, na

atividade respiratória e nos parâmetros de stress oxidativo. Para este último, foi medida a atividade das enzimas antioxidantes envolvidas na desintoxicação e no equilíbrio das ERO, nomeadamente as actividades da superóxido dismutase, da catalase, da ascorbato peroxidase, da glutationa redutase e da peroxidase. Foram igualmente medidos os níveis de glutatião oxidado e reduzido. Os danos na membrana causados pela peroxidação lipídica foram avaliados através da medição dos níveis de malondialdeído e da atividade da lipoxigenase.

MATERIAIS E MÉTODOS

Reagentes

$^{+}$KCN, NAD, ascorbato, GSSG, NADPH, ácido linolénico, ácido 2-tiobarbitúrico e aleloquímicos (ácido vanílico, ácido p-cumárico, ácido protocatecuico, ácido ferúlico, ácido cafeico, cafeína, ácido aconítico, quercetina, rutina, cumarina, eucaliptol, cânfora, a-pineno e limoneno) foram adquiridos à Sigma Chemical Co. (St. Louis, EUA). Os outros reagentes eram da mais alta pureza.

Testes de germinação e crescimento de sementes

As sementes de *Ipomoea triloba* L. e *Senna obtusifolia* L., vulgarmente conhecidas como café da manhã e foice, respetivamente, foram adquiridas de um fornecedor comercial (Cosmos Agricola Produtos e Servigos Rurais Ltda, Brasil). Após lavagem em água destilada, as sementes foram colocadas sobre folhas duplas de papel de germinação em germinadores plásticos (110 x 110 mm) e umedecidas com 10 ml de água destilada ou com 500 µM dos seguintes aleloquímicos: Ácido vanílico, ácido p-cumárico, ácido protocatecuico, ácido ferúlico, ácido cafeico, cafeína, ácido aconítico, quercetina, rutina, cumarina, eucaliptol, cânfora, a-pineno e limoneno. Foi efectuado um controlo para excluir qualquer interferência do solvente (dimetilsulfóxido a 0,1%) utilizado para dissolver o eucaliptol, a cânfora, o a-pineno e o limoneno. Cada tratamento foi aplicado em três placas (réplicas), sendo que cada réplica continha sessenta sementes distribuídas em caixas de germinação. As caixas foram colocadas numa câmara de germinação programada para um fotoperíodo de 12 horas a 30°C. As caixas foram colocadas numa câmara de germinação programada para um fotoperíodo de 12 horas a 30°C. [21]A densidade do fluxo de fotões na câmara de crescimento era de aproximadamente 230 limol m' s' . Uma semente foi considerada germinada quando a raiz da semente se projetou mais de 2 mm do solo. As sementes que tinham germinado após 24, 48 e 72 horas foram seleccionadas para os testes de crescimento. As plântulas foram retiradas e secas em papel de filtro. O hipocótilo e as raízes primárias foram cortados para medir o seu comprimento e peso fresco. O peso seco do hipocótilo e das raízes primárias foi determinado após incubação do material fresco a 80°C durante 24 horas.

O tempo médio de germinação foi calculado utilizando a equação 1 (Labouriau e Osborn, 1984):

$$t = E \text{"}n / E\, n$$

(1)

t = tempo médio de germinação

$_{ii\text{-}1}$n = número de sementes germinadas entre os instantes t e t_i

A velocidade de germinação foi calculada através da equação 2 (Chiapusis et al., 1997):

$$S = (N1 / T1) + (N2 - N1) \times 1/2 + (N3 - N2) \times 1/3 + \ldots (Nn - Nn\text{-}1) \times 1/n \quad (2)$$

S = velocidade de germinação

N = percentagem de sementes germinadas na primeira ($T1$), segunda

(T_2), terceira (T_3)..., (n-1) hora.

A taxa de germinação acumulada foi calculada utilizando a equação 3 (Chiapusis et al., 1997):

$$AS = (N1 / T_1) + (N2 / T_2) + (N3 / T_3) + \ldots (N_n / n) \quad (3)$$

S = velocidade de germinação acumulada

N = percentagem de sementes germinadas no tempo (T_1), tempo (T_2), tempo (T_3)..., horas.

Respiração em pontas de raízes cortadas

A absorção de oxigénio por raízes primárias de *I. triloba* e *S. obtusifolia* cultivadas na ausência ou presença de 500 ɥM aleloquímicos a-pineno, cumarina, quercetina ou ácido ferúlico foi medida por polarografia a 25°C com um elétrodo de Clark numa câmara fechada de Plexiglas. As medições foram efectuadas 48 horas após o início da imbibição das sementes. As raízes primárias foram cortadas, pesadas e imediatamente colocadas no recipiente do elétrodo de oxigénio com 2 ml de solução nutritiva (pH 5,8) contendo 2 mM $Ca(NO_3)_2$, 2 mM KNO_3, 0,43 mM NH_4Cl, 0,75 mM MgSO4 e 20 ii\l NaH2PO4 (Larkin, 1987). Para estimar

Para determinar as contribuições da citocromo oxidase mitocondrial (COX; respiração sensível ao KCN), da oxidase alternativa mitocondrial (AOX) e das oxidases extramitocondriais (respiração insensível ao KCN) para a absorção total de O2, foi adicionado cianeto de potássio (KCN) a 200 iiM ao meio de reação. As taxas de absorção de oxigénio foram calculadas a partir de registos polarográficos, assumindo uma concentração inicial de oxigénio dissolvido de 240 ɥM a 25°C (Estrabrook, 1967) e relacionando-a com o peso fresco do tecido.

Preparação de extractos e determinação da atividade enzimática antioxidante.

Para determinar a atividade das enzimas antioxidantes, foram colhidas raízes de plântulas primárias e incubadas durante 48 horas na ausência ou presença de 500 μM a-pineno, cumarina, quercetina ou ácido ferúlico. Amostras de aproximadamente 200 mg de peso fresco de raízes foram colocadas num almofariz e bem misturadas com 2,0 a 4,0 ml de cada meio de extração. Os extractos foram depois centrifugados a 4000 rpm e a 4°C durante 20 minutos. O sobrenadante foi decantado e utilizado como fonte de enzimas. A concentração proteica do extrato enzimático foi determinada de acordo com Lowry et al (1951). A albumina de soro bovino foi utilizada como padrão.

Para determinar as actividades da peroxidase e da catalase, os materiais foram homogeneizados num meio de extração contendo 67 mM de fosfato K (pH 7,0) e 2% de PVP (p/v). A atividade da peroxidase (G-POD EC 1.11.1.7) foi medida de acordo com Putter (1974). $_{22}$O meio de reação continha 3 ml de fosfato K 25 mM (pH 6,8) e 15-100 μl de extrato de enzima. A reação foi iniciada pela adição de 10 mM H O e 2,6 mM guaiacol. $^{-1-1}$A atividade enzimática foi avaliada como a taxa inicial de formação de tetraguaicol (ϵ, 25,5 mM cm), calculada a partir do aumento da absorvância a 470 nm. $^{-1-1}$A atividade enzimática foi expressa em tetraguaicol iimol x min x mg de proteína. A atividade da catalase (EC 1.11.1.6) foi medida de acordo com Aebi (1984). O meio de reação continha 3 ml de fosfato K 67 mM (pH 7,0) e 15-100 μl de extrato de enzima. A reação foi iniciada pela adição de 10 mM H_2O_2. $^{-1}$A atividade enzimática foi avaliada como a taxa inicial de consumo de H2O2 (ϵ, 0,036 mM^{-1} cm), calculada a partir da diminuição da absorvância a 240 nm. ^{1}A atividade enzimática foi expressa como μmol de H2O2 consumido x min^{-1} x mg proteína- .

Para determinar as actividades da ascorbato peroxidase (EC 1.11.1.11) e da glutatião redutase (EC 1.6.4.2), os materiais foram homogeneizados num meio de extração contendo 50 mM de fosfato K (pH 7,0), 1 mM de EDTA, 1 mM de ascorbato e 2% de PVP (p/v). A atividade da APX foi medida de acordo com Nakano e Asada (1981). O meio de reação continha 3 ml de fosfato K 50 mM (pH 7,0) e 25 ou 50 ųi de extrato de enzima. A reação foi iniciada pela adição de 0,5 mM de ascorbato e 2 mM de H2O2. A atividade enzimática foi avaliada como a taxa inicial de oxidação do ascorbato (є, 2,8 mM-1 cm-1), calculada a partir da diminuição da absorvância a 290 nm. A atividade enzimática foi expressa em ^mol de ascorbato oxidado x min-1 x mg de proteína-1. A atividade de GR foi medida de acordo com Foyer et al (1976). O meio de reação continha 3 ml de fosfato K 50 mM (pH 8,0), EDTA 2 mM e 15-50 ЦI de extrato enzimático. A reação foi iniciada pela adição de 0,5 mM de GSSG e 0,15 mM de NADPH. $^{-1-1}$A atividade enzimática foi avaliada como a taxa inicial de oxidação de NADPH (є, 6,2 mM cm), calculada a partir da diminuição da absorvância a 340 nm. $^{-1}$A atividade enzimática foi expressa em цmol de NADPH oxidado x min-1 x mg de proteína.

Para determinar a atividade da superóxido dismutase (EC 1.15.1.1), os materiais foram homogeneizados num meio de extração contendo 50 mM de fosfato K (pH 7,8), 1,0 mM de EDTA, 1% de PVP (m/v) e 0,1% de Triton X-100 (v/v). A atividade da SOD foi medida de acordo com Giannopolitis e Ries (1977). O meio de reação continha 3 ml de fosfato K 50 mM (pH 7,8), metionina 6,5 mM, nitrobleu-tetrazólio NBT 150 цM, riboflavina 4 цM e extrato enzimático 10 ЦI. A reação foi iniciada ligando uma lâmpada (20 W) e iluminando o meio de reação durante 20 min a 30 °C. As reacções não iluminadas e iluminadas sem extrato de enzima foram utilizadas como padrões de calibração. A absorvância da mistura de reação foi medida a 560 nm. $^{-1}$Uma unidade de atividade da SOD (U) foi definida como a quantidade de enzima necessária para causar uma inibição de 50% da taxa de fotorredução do NBT, e os resultados foram expressos como U de SOD x mg de proteína.

Determinação da atividade da lipoxigenase.

As raízes primárias foram recolhidas de plântulas incubadas durante 48 h na ausência ou presença de 500 цM a-pineno, cumarina, quercetina ou ácido ferúlico. Amostras de aproximadamente 200-400 mg de peso fresco de raízes foram colocadas num almofariz e bem misturadas com 2,0 ml de meio frio contendo 50 mM de fosfato K (pH 7,0) e 0,1% de Triton X-100 (v/v). Os extractos foram depois centrifugados a 12.000 x *g e* a 4°C durante 10 minutos. O sobrenadante foi decantado e utilizado como fonte de enzimas. A atividade da lipoxigenase foi medida por polarografia utilizando um elétrodo de oxigénio de Clark, de acordo com Siedow e Girvin (1980). O meio de reação continha 2 ml de fosfato K 200 mM (pH 7,0) e 50-300 цi de extrato de enzima. A reação foi iniciada pela adição de ácido linolénico (concentração final 1,5 mM) dissolvido em Tween 20. $^{-1-1}$O consumo de oxigénio foi monitorizado durante 12-15 min e a atividade enzimática foi expressa em ^mol de consumo de O2 x min x mg de proteína.

Determinação do glutatião oxidado (GSSG) e do glutatião reduzido (GSH).

O conteúdo de glutatião reduzido e oxidado foi determinado em raízes primárias de *I. triloba* e *S. obtusifolia* incubadas durante 48 h na ausência ou presença de 500 цM a-pineno, cumarina, quercetina ou ácido ferúlico. Aproximadamente 0,6 g do peso fresco das raízes foi triturado em azoto líquido e o pó congelado foi homogeneizado em 2,0 ml de ácido sulfossalicílico a 5% e centrifugado a 10.000 x g durante 15 minutos a 4°C. O sobrenadante foi utilizado para medir o glutatião total e o glutatião oxidado de acordo com Smith (1985). $^{-1}$O glutatião total foi determinado misturando 200 ml de sobrenadante com um volume igual de tampão fosfato de potássio 0,5 M (pH 7,5), tampão fosfato de sódio 50 mM (pH 7,5) com 5 mM de ácido etilenodiaminotetracético (EDTA), 1,0 mM de ácido ditionitrobenzóico, 2 U ml de glutatião redutase (dissolvida em tampão fosfato de sódio, pH 7,5) e 0,17 mM de NADPH. Após 10 minutos, a absorvância é medida a 415 nm. Para medir a forma oxidada do glutatião, misturaram-se 200 1 de sobrenadante com igual volume de tampão fosfato de potássio 0,5 M (pH 7,5) e 1,7 mM de в-vinilpiridina dissolvida em 2% de Tween 20 (v/v). $^{-1}$Após 1 hora à temperatura ambiente, uma alíquota de

400 ills da solução de reação foi misturada com 700 ills de tampão fosfato de sódio 0,1 M contendo EDTA 5 mM, DTNB 1,0 mM, glutationa redutase 2 U ml e NADPH 0,17 mM. Após 10 minutos, a absorvância foi medida a 415 nm. O glutatião reduzido foi calculado subtraindo a absorvância do glutatião oxidado à do glutatião total. $^{-1-1-1}$A concentração de GSSG e GSH foi calculada a partir do coeficiente de extinção de 13,6 mM cm e expressa em iimol x g de peso fresco da raiz. ***Medições do teor de MDA.***

O grau de peroxidação lipídica foi medido utilizando uma substância que reage com o ácido tiobarbitúrico, o malondialdeído (MDA), através da reação do ácido tiobarbitúrico descrita por Heath e Packer (1968). As raízes primárias foram retiradas de plântulas de *I.* triloba e *S.* obtusifolia cultivadas durante 48 horas na ausência ou presença de 500 LI\l a-pineno, cumarina, quercetina ou ácido ferúlico. Cerca de 0,6 g de peso fresco das raízes foram colocados num almofariz e cuidadosamente misturados com 3,0 ml de etanol a 96% (v/v). O teor de malondialdeído (MDA) foi determinado em 3,0 ml de homogenato. Foi adicionado ao homogenato um volume igual de TCA a 20% com 0,5% de TBA (m/v). A mistura foi aquecida a 95°C durante 30 minutos e depois arrefecida rapidamente num banho de gelo. Após centrifugação a 10.000 x g durante 20 minutos, a absorvância do sobrenadante foi medida a 532 nm. A absorvância não específica a 600 nm foi subtraída. $^{-1-1-1}$A concentração de MDA foi calculada a partir do seu coeficiente de extinção de 155 mM cm e expressa em nmol x g de peso fresco da raiz.

Análise estatística. Os dados apresentados nos gráficos e tabelas foram expressos como média ± erro padrão da média (SEM) de preparações independentes. Os dados foram analisados utilizando o teste t de Student ou a análise de variância (ANOVA), com diferenças significativas entre as médias detectadas pelo teste de Duncan. As comparações são apresentadas no texto como valores de probabilidade *(P). P* < 0,05 foi adotado como critério mínimo de significância. As análises estatísticas foram realizadas com o software

Statistica™.

RESULTADOS E DISCUSSÃO

Efeitos de aleloquímicos na germinação e crescimento de Ipomoea triloba L. e *Senna obtusifolia* L.

A Tabela 1 mostra que as sementes de *I. triloba* germinaram mais rapidamente do que as sementes de *S. obtusifolia, resultando em* um menor tempo médio de germinação (t) e maiores valores para a taxa de germinação e taxa de germinação acumulada. No entanto, o número máximo de sementes germinadas não foi significativamente diferente. Ao final do período de teste (72 horas), a porcentagem máxima de germinação foi de 34% para *I. triloba* e 29% para *S. obtusifolia* (Tabela 4).

A Tabela 1 também mostra que nenhum dos aleloquímicos estudados causou qualquer alteração significativa na germinação de *I. triloba*. Apenas a cumarina influenciou a germinação de *S. obtusifolia*. Aumentou o tempo médio de germinação em 1,29 vezes e reduziu a velocidade de germinação em 57% e a velocidade cumulativa de germinação em 59%.

Embora os índices de germinação de *I. triloba* não tenham sido alterados pelos aleloquímicos estudados, o crescimento das plântulas resultantes foi reduzido, principalmente o crescimento das raízes primárias (Tabelas 2, 3, 4). Os efeitos foram mais pronunciados 48 (quadro 3) e 72 horas (quadro 4) após o tratamento. Após 24 horas, a cumarina reduziu o comprimento da raiz e do hipocótilo em 44% e 54%, respetivamente, e também reduziu a relação entre o peso fresco da raiz e o peso seco da raiz em 38%. A cafeína reduziu o comprimento da raiz em 23% e o ácido ferúlico reduziu o comprimento do hipocótilo em 30%. Os ácidos vanílico e p-cumárico reduziram a relação entre o peso fresco do hipocótilo e o peso seco em 22% e 20%, respetivamente.

A cumarina foi o único aleloquímico que afectou o crescimento de *S. obtusifolia*. A supressão total da germinação de sementes foi observada 24 horas após o tratamento (Tabela 2).

Entre 24 e 48 horas, foi observado um efeito inibitório no crescimento da raiz primária de *I. triloba* quando tratada com outros aleloquímicos (Tabela 3). O comprimento da raiz foi reduzido pelo ácido vanílico (-27%), ácido cumárico (-33%), ácido ferúlico (-31%), cafeína (-25%), quercetina (-22%), eucaliptol (-16%), cânfora (26%), a-pineno (-22%) e limoneno (-17%). A cumarina foi mais ativa. Reduziu o comprimento da raiz em 62% e também influenciou o comprimento do hipocótilo (-47%). A cânfora reduziu o comprimento do hipocótilo de *I. triloba* (-28%). Também reduziu a relação entre o peso fresco do hipocótilo e o peso seco (-16,58%). O alfa-pineno e o limoneno reduziram a relação entre o peso fresco da raiz e o peso seco em 18% e 17%, respetivamente.

Durante o mesmo período (48 horas), as plântulas de *S. obtusifolia* apresentaram uma redução do comprimento da raiz quando tratadas com a-pineno (-19%) e limoneno (17%), com uma redução simultânea da relação peso fresco/peso seco da raiz. O efeito inibitório da cumarina persistiu com 52% de inibição do comprimento da raiz, 30% de inibição do comprimento do hipocótilo e 35% de inibição da relação entre o peso fresco e seco da raiz (Quadro 3).

No final do período de teste (72 h de tratamento, Tabela 4), os efeitos inibitórios da cumarina (-62%), do ácido vanílico (-24%), do ácido p-cumárico (-38%), do ácido ferúlico (-38%), da cafeína (34%) e da quercetina (-29%) no crescimento da raiz de *I. triloba* persistiram. No entanto, os efeitos inibitórios do eucaliptol, cânfora, a-pineno e limoneno não persistiram. Por outro lado, foi observado um efeito inibitório do ácido cafeico (26%) (Quadro 4). O comprimento do hipocótilo foi reduzido pela cumarina (-30%). O ácido cumarínico e o ácido ferúlico também reduziram o comprimento do hipocótilo de *I. triloba* em 30% e 26%, respetivamente, com uma redução simultânea na relação entre o peso fresco e o peso seco do hipocótilo. Foi observado um efeito do limoneno na relação peso fresco/peso seco das raízes (inibição de 38%).

Em *S. obtusifolia, os* efeitos da cumarina (-41%), do a-pineno (-25%) e do limoneno (-20%) no crescimento da raiz e no crescimento do hipocótilo induzido pela comarina (-27%) persistiram, embora a relação entre o peso fresco e seco da raiz não tenha sido alterada. Foi também demonstrado um efeito inibitório do eucaliptol no comprimento da raiz (-19%).

Em conjunto, esses resultados mostraram *que I. triloba* e *S. obtusifolia* reagem de forma diferente aos aleloquímicos estudados e são sensíveis a eles. Em geral, os índices de germinação de *I. triloba* não foram alterados, mas o crescimento das plântulas foi afetado. Em contrapartida, a germinação de *S. obtusifolia* foi modificada por vários aleloquímicos, mas houve pouca alteração nos parâmetros de crescimento das plântulas. Em ambas as espécies, o crescimento das raízes primárias foi mais afetado do que o dos hipocótilos correspondentes. Em geral, os efeitos fitotóxicos foram mais pronunciados após 48 horas e durante o período de crescimento subsequente (72 horas).

Não se verificou uma correlação óbvia entre as actividades dos aleloquímicos estudados e a sua classe química. Entre os derivados fenólicos, por exemplo, o ácido ferúlico e o ácido p-cumárico foram mais activos nos parâmetros de crescimento de *I. triloba do* que o ácido vanílico, o ácido protocatecuico e o ácido cafeico. O flavonoide quercetina teve um efeito em *I. triloba*, enquanto a rutina foi inativa.
No entanto, estes compostos não afectaram o crescimento das plântulas de *S.* obtusifolia, mas afectaram os seus índices de germinação.

Os monoterpenos eucaliptol, cânfora, a-pineno e limoneno não tiveram influência nos índices de germinação das duas espécies, mas influenciaram pelo menos um parâmetro de crescimento. Enquanto o ácido aconítico foi praticamente inativo, a cumarina foi o composto mais ativo em ambas as espécies, influenciando os parâmetros de crescimento das plântulas desde a fase mais precoce do período de crescimento (24 horas). É por isso que, para as experiências seguintes, foram escolhidos como compostos mais activos um composto representativo da classe dos terpenos: a-pineno; da classe dos fenóis: ácido ferúlico; da classe dos flavonóides: quercetina e cumarina. As sementes foram tratadas com estes aleloquímicos seleccionados durante um período fixo de 48 horas.

Efeitos do a-pineno, da cumarina, da quercetina e do ácido ferúlico na respiração do ápice radicular.

Como mostrado nas Figuras 1A e B, a atividade respiratória total das raízes primárias de *I. triloba* foi maior do que a de *S. obtusifolia*. No entanto, em *S. obtusifolia*, a contribuição relativa da respiração não sensível a KCN foi maior do que em *I. triloba* (Figura 1B). A via da citocoma oxidase (respiração sensível ao KCN) parece, portanto, dar a maior contribuição para a respiração total em *I. triloba* após 48 h de incubação.

Todos os aleloquímicos seleccionados, com exceção da cumarina, estimularam a atividade respiratória primária da raiz em ambas as espécies (Figura 1A). A taxa de consumo total de O2 foi estimulada pelo tratamento com a-pineno (+64,18%), quercetina (+55,53%) e ácido ferúlico (+54,56%) em *I. triloba*; em *S. obtusifolia*, os valores correspondentes foram 26,80%, 38,56% e 26,80%, respetivamente.

Em ambas as espécies, o aumento da respiração total foi devido à estimulação da via insensível ao KCN. O aumento relativo foi maior nas raízes de *I. triloba*. Em comparação com o controlo, a respiração insensível ao KCN aumentou quase 4 a 5 vezes na presença de a-pineno, quercetina e ácido ferúlico. Em *S. obtusifolia,* os valores aumentaram quase 2 vezes.

A respiração insensível ao KCN é a soma do oxigénio convertido em superóxido e H2O2 (Puntarullo et al., 1988), oxigénio utilizado pela oxidase alternativa mitocondrial (AOX) e outras oxidases citosólicas ou de membrana, incluindo lipoxigenases. Embora a contribuição relativa de cada processo para a respiração insensível ao KCN não possa ser deduzida dos nossos dados, parece claro que as vias da citocromo oxidase (respiração sensível ao KCN) não foram significativamente alteradas, excluindo a possibilidade de os aleloquímicos poderem afetar o metabolismo energético mitocondrial. A única exceção foi o a-pineno, que inibiu a respiração sensível ao KCN em *S. obtusifolia*. Este efeito do a-pineno está provavelmente ligado à sua ação sobre a fosforilação oxidativa, como já foi demonstrado nas mitocôndrias e nas raízes primárias do milho (Abrahim et al., 2003; Ishii-Iwamoto et al., 2006).

Os efeitos dos aleloquímicos na atividade das enzimas antioxidantes e na atividade da lipoxigenase.

A comparação das actividades enzimáticas em condições de controlo mostrou que as raízes primárias de *I. triloba* e *S. obtusifolia, que* tinham crescido durante 48 horas, apresentavam certas semelhanças e também diferenças no seu aparelho enzimático antioxidante. As SODs, que são consideradas a primeira linha de defesa contra as ROS e são enzimas chave na regulação da concentração intracelular de superóxido, mostraram actividades elevadas e semelhantes em ambas as espécies. Nenhum dos aleloquímicos estudados influenciou significativamente a sua atividade (Figura 2A).

Três enzimas foram mais activas em *S. obtusifolia* do que em *I. triloba*: ascorbato peroxidase, glutationa redutase e catalase. O inverso foi verdadeiro para as actividades da peroxidase e da lipoxigenase.

A APX é uma enzima envolvida no metabolismo do ácido ascórbico, um composto que actua como eliminador químico do oxigénio reativo em reacções não enzimáticas (Noctor e Foyer, 1998). Juntamente com a GR, a APX está também envolvida no ciclo do ascorbato-glutatião, que pode também estar envolvido na filtragem do H2O2. A atividade da APX só foi alterada pela cumarina em *S. obtusifolia* (Figura 2B). Em contraste, a atividade da GR em *S. obtusifolia* não foi alterada pela cumarina ou por qualquer dos outros aleloquímicos estudados (Figura 2C). Por conseguinte, é pouco provável que a cumarina *afecte* o ciclo ascorbato-glutatião em *S. obtusifolia.*

É de notar que a maior atividade de GR em *S. obtusifolia* estava correlacionada com o elevado teor de GSH e GSSH nas suas raízes primárias (Quadro 5). É bem conhecido que a manutenção de um pool de glutatião altamente reduzido é necessária para a função ativa das proteínas (Noctor e Foyer, 1998). Em muitas reacções celulares, o grupo Cys-thiol é reduzido pela GSH para obter GSSG, sendo a reação inversa catalisada pela glutationa redutase (GR) utilizando NADPH. A GSH é um substrato para várias enzimas redutoras, incluindo as que reduzem os peróxidos. Estas funções básicas da GSH e da GR parecem ser claras em *S. obtusifolia* devido ao elevado rácio GSH/GSSG nesta espécie (3,9 ± 0,72).

Apesar da menor atividade GR em *I. triloba*, o tratamento com a-pinenos e ácido ferúlico aumentou a atividade GR em 45% e 54%, respetivamente. Como a atividade da APX não foi estimulada, este aumento não esteve provavelmente relacionado com a estimulação do ciclo ascorbato-glutatião. É possível que se trate de um aumento das reacções dependentes da GSH.

A catalase, uma das enzimas mais eficazes para eliminar o peróxido de hidrogénio, também estava presente com um nível de atividade mais elevado em *S. obtusifolia*. O tratamento com ácido ferúlico estimulou a atividade da catalase apenas em *I. triloba* (+42%). A inibição *foi observada* em *S. obtusifolia na* presença de cumarina (-47%) (Figura 2D).

A Guaicol peroxidase estava presente com um nível de atividade mais elevado nas raízes primárias de *I. triloba*. O tratamento com alfa-pinenos e cumarina aumentou a atividade enzimática (+83% e +82% respetivamente) em *I. triloba*, mas não teve qualquer influência na atividade enzimática em *S. obtusifolia*. Nesta última espécie, o único aleloquímico ativo foi a cumarina. Esta inibiu a enzima em (-49%) (Figura 2E).

Os resultados das actividades das enzimas antioxidantes indicam que o tratamento com a-pinenos, cumarina e ácido ferúlico aumentou a formação de ROS nas raízes primárias de *I. triloba*, mas não em *S. obtusifolia*. Esta interpretação baseia-se no facto de estes aleloquímicos estimularem uma ou mais enzimas envolvidas na neutralização do H2O2. O alfa-pineno aumentou as actividades da GR e da POD, a cumarina estimulou a atividade da POD e o ácido ferúlico estimulou as actividades da GR e da CAT. A maior produção de H2O2 em *I. triloba* pode estar relacionada com o aumento observado na respiração insensível ao KCN (Figura 1B). Um aumento na proporção de oxigénio convertido em ROS ou um aumento na atividade da AOX podem ser explicações plausíveis para as taxas mais elevadas de respiração insensível ao KCN. A estimulação da AOX foi proposta como um mecanismo alternativo para minimizar a formação de ROS através da cadeia de transporte de electrões (Clifton et al., 2005; Maxwel et al., 1999; Mittler, 2002; Wagner e Krabi, 1995).

A hipótese de que estes aleloquímicos podem induzir um estado de stress oxidativo em *I. triloba* é ainda apoiada por alterações na atividade da lipoxigenase induzidas por a-pineno, quercetina e ácido ferúlico (Figura 2F). A enzima foi estimulada em quase 150% nas raízes de *I. triloba*. Pensa-se que a ativação da lipoxigenase é uma das respostas imediatas a alterações na estrutura da membrana celular causadas por várias substâncias, incluindo espécies reactivas de oxigénio, que podem ser produzidas em resposta a uma variedade de condições de stress (Siedow e Moore, 1991; Thaler, 1999; Porta e Rocha-Sosa, 2002; Blokhina et al., 2003). Pensa-se que a peroxidação lipídica induzida por ROS ativa enzimas de degradação, incluindo fosfolifases e LOX, que também são responsáveis pela degradação da membrana (Baker e Orlandi, 1995).

A falta de evidência de stress oxidativo induzido por aleloquímicos em *S. obtusifolia* pode estar relacionada com a diferente capacidade dos sistemas antioxidantes das duas espécies. Em comparação com *I. triloba, S. obtusifolia* tem actividades APX, GR e CAT mais elevadas, bem como um teor de glutatião mais elevado. Claramente, as enzimas foram capazes, na sua atividade básica, de neutralizar todas as ROS produzidas em resposta ao stress aleloquímico. Em *I. triloba, por outro lado,* as actividades de algumas enzimas antioxidantes foram estimuladas, provavelmente para superar o stress oxidativo. Os dados da Tabela 5 mostram que o a-pineno aumentou o conteúdo de MDA em 42%. Os outros aleloquímicos não afectaram os níveis de MDA. Estes resultados indicam que o sistema de defesa antioxidante da *I. triloba* foi capaz de prevenir os efeitos oxidativos nocivos da cumarina, da quercetina e do ácido ferúlico nas membranas, mas não os do a-pineno. Por outro lado, o teor de glutatião ou a relação entre as formas reduzida e oxidada não foram alterados em nenhuma das espécies por nenhum dos aleloquímicos estudados.

Vale a pena mencionar os diferentes efeitos da cumarina nas actividades das enzimas antioxidantes. Em vez de ter um efeito estimulante sobre as enzimas antioxidantes, inibiu as actividades da APX, catalase e peroxidase em *S. obtusifolia*. Foi demonstrado anteriormente que a cumarina atrasa a germinação de sementes e o crescimento de plântulas em *Bidens pilosa* L. (Pergo et al., 2008). Aparentemente, promoveu o mesmo efeito em *S. obtusifolia, como* mostra o aumento do tempo médio de germinação e a redução acentuada da velocidade de germinação (Tabela 1). É, portanto, possível que as baixas actividades enzimáticas reflictam, pelo menos em parte, actividades enzimáticas em plântulas numa fase anterior de crescimento. Esta interpretação baseia-se no curso temporal das alterações das actividades enzimáticas na série de controlo (dados não apresentados). Em geral, as actividades enzimáticas nas raízes primárias são baixas no final da germinação (24 horas) e aumentam progressivamente durante o período de crescimento subsequente (48 e 72 horas).

CONCLUSÃO

Os resultados do presente trabalho permitem concluir que os aleloquímicos estudados actuam sobre *I. triloba* e *S. obtusifolia* com diferentes modos de ação, influenciando principalmente os processos celulares ligados ao crescimento das plântulas na primeira espécie e os processos necessários à germinação na segunda. Os compostos mais activos, o ácido ferúlico, o a-pineno, a cumarina e a quercetina, estimularam a respiração insensível ao KCN em ambas as espécies. No entanto, a evidência de que desencadearam o stress oxidativo só foi encontrada em *I. triloba*. Os aleloquímicos estimularam pelo menos uma das enzimas neutralizadoras de H_2O_2. O elevado teor de MDA e a atividade da lipoxigenase indicaram que o sistema de defesa antioxidante de *I. triloba não foi capaz de* proteger as plântulas contra o stress oxidativo induzido pelo a-pineno. Este aleloquímico tem, portanto, o potencial de atuar como herbicida em *I. triloba* através de um mecanismo de indução de stress oxidativo.

REFERÊNCIAS

ABENAVOLI, M.R. ; SORGONA, A. ; SIDARI, M. ; BADIANI, M. E FUGGI, A. (2003) A cumarina inibe o crescimento de células de cenoura (*Daucus carota* L. cv. Saint Valery) em cultura em suspensão. ***Revue de physiologie végétale***, 160 : 227237.

ABENAVOLI, M.R. ; CACCO, G. ; SORGONA, A. ; MARABOTTINI, R. ; PAOLACCI, A. R. ; CIAFFI, M. AND BADIANI, M. (2006) Les effets inhibiteurs de la coumarine sur la germination des graines de blé durum (*Triticum turgidum* ssp. *Durum,* CV. Simeto). ***Zeitschrift für chemische Ökologie***, 32: 489-506.

ABRAHIM, D. ; FRANCISCHINI, A.C. ; PERGO, E.M. ; KELMER-BRACHT, A.M. ; ISHII-IWAMOTO, E.L. (2003) Efeitos do a-pineno na respiração mitocondrial de plântulas de milho. ***Physiologie végétale, bichimie,*** 41 : 985-991.

AEBI, H. (1984) Catalase in vitro, ***Methods Enzymology***, 105: 121-126.

AHSAN, N ; LEE, D.G. ; LEE, K.W. ; ALAM, I. ; LEE, S. H. ; BAHK, J.D. ; LEE, B.H. (2008) Stress oxidativo induzido por glifosato em folhas de arroz revelado por abordagem proteómica. ***Physiologie végétale et bichimie,*** 46 : 1062-1070.

BAILLY, C.; BENAMAR, A.; CORBINEAU, F.; COME, D. (1996) Changes in malondialdehyde content and superoxide dismutase, catalase and glutathione reductase activities in sunflower seeds in relation to deterioration during accelerated ageing. ***Physiologia Plantarum***, 97: 104-110.

BAIS, H.P. ; VEPACHEDU, R. ; GILROY, S. ; CALLAWAY, R.M. & VIVANCO, J.M. (2003) Allelopathy and exotic plant invasion: from molecules and genes to species interactions. ***Science***, 301:1377-1380.

BAKER, C.J. ; ORLANDI, E.W. (1995) Active oxygen in plant pathogenesis. ***Annual Review Phytopathology***, 33 : 299-321.

BLOKHIN, A.O.; VIROLAINEN, E.; FAGERSTEDT, K.V. (2003) Antioxidants, oxidative damage and hypoxia stress: an overview. ***Annual Botany,*** 91 : 179-194.

CHIAPUSIS, G.; SANCHEZ, A.M.; REIGOSA, M.J.; GONZALEZ, L.; E PELLISSIER, F. (1997) Será que os índices de germinação reflectem suficientemente os efeitos aleloquímicos no processo de germinação? ***Journal of Chemical Ecology***, 23 : 203-209.

CHON, S. U. E KIM, Y. M. (2004). Potencial herbicida e quantificação de aleloquímicos putativos de quatro extractos de plantas de gramíneas. ***Journal Agron. Crop Science,*** 190:145-150.

CLIFTON, R.; LISTER, R.; PARKER, K. L.; SAPPL, P.G.; ELHAFEZ, D.; MILLAR, A.H.; DAY, D.A.; WHELAN, J. (2005) Coexpressão de componentes da laterina respiratória em *Arabidopsis thaliana* induzida por stress. **Biologia Molecular *das Plantas***, 58 : 193-212.

CRUZ-ORTEGA, R.; AYALA-CORDERO, G. & ANAYA, A.L. (2002) Stress aleloquímico gerado por lixiviado aquoso *de Callicarpa acuminate*: efeitos em raízes de feijão, milho e tomate. ***Physiologia Plantarum***, 116 : 20-27.

DE TULLIO, M.C. ; ARRIGONI, O. (2003) O sistema do ácido ascórbico nas sementes: proteger e servir. ***Seed Science Research,*** 13 : 249-260.

DUDAI, N., POLJAKOFF-MAYBER, A., MAYER, A. M., PUTIEVSKY, E. E LERNER, H. R. (1999). Essential oils as allelochemicals and their possible use as bio-herbicides. ***Journal Chemical Ecology,*** 25:079-1089.

DUKE, S. O., DAYAN, F. E., OMAGNI, J. G. E IMANDO, A. M. (2000). Produtos naturais como fontes de herbicidas: situação atual e tendências futuras. ***Weed Research***, 40:99-111.

ESTABROOK, R.W. (1967) Controlo da respiração mitocondrial e medições polarográficas da relação ADP/O. ***Métodos Enzimológicos*** 10: 4147.

FOYER, C.H. ; HALLIWELL, B. (1976) The presence of glutathione and glutathione reductase in chloroplasts: a proposed role in ascorbic acid metabolism. ***Planta***, 133 : 21-25.

GIANNOPOLITIS, C. N. e RIES, S. K. (1977). Superóxido dismutases, I: Ocorrência em plantas superiores. ***Plant Physiology***, 59: 309-314.

GIDROL, X.; LIN, W.S.; DEGOUSEE, N.; YIP, S.F.; KUSH, A. (1994) Acumulação de espécies reactivas de oxigénio e oxidação de citocinina em sementes de soja germinadas. ***European Journal of Biochemistry***, 224 : 21-28.

HEATH, R.L.; AND PACKER, L. (1968) Photoperoxidation in isolated chloroplasts. I. Cinética e estequiometria da peroxidação de ácidos gordos. ***Archives of Biochemistry and Biophysics***, 125: 189-198.

HOLM L. ; DOLL J. ; HOLM E. ; PANCHO J. & HERBERGER J. (1997)

World Weeds, Natural Histories and Distribution. John Wiley and Sons Inc, Nova Iorque, EUA.

INDERJIT & DUKE, S.O. (2003) Ecophysiological aspects of allelopathy. ***Planta***, 217 : 529-539.

ISHII-IWAMOTO, E.L. ; ABRAHIM, D. ; SERT, M.A. ; BONATO, C.M. ; KELMER-BRACHT, A.M. ; BRACHT, A. (2006) Mitochondria as a site of allelochemical action. In: Reigosa MJ, Pedrol N, Gonzalez L (Org) ***Allelopathy:*** A physiological process with ecological implications. Springer Science, Países Baixos, p. 267-284.

KHANH, T. D., CHUNG, I. M., TAWATA, S., e XUAN, T. D. (2006). Controlo de ervas daninhas por Passiflora edulis e os seus potenciais aleloquímicos. ***Weed Research,*** 46:296-303.

KOHLI, R. K., BATISH, D. R. E SINGH, H. P. (2006). Allelopathic interactions in agroecosystems, p. 465-493, in M. V. Reigosa, N. Pedrol, and L. Gonzalez (eds.). ***Allelopathy***: A Physiological Process with Ecological Implications Springer, The Netherlands.

KRUSE, N.D. ; VIDAL, R.A. ; DALMARZ, C. ; TREZZI, M.M. ; SIQUEIRA, I. (2006) Estresse oxidativo em girassol (*Helianthus annuus*) sugere sinergismo para uma mistura dos herbicidas metribuzin e clomazone. ***Planta Daninha***, 24 : 379-390.

LABOURIAU, L. G., ET OSBORN, J. H. (1984) Influence of temperature on germination of tomato seeds. ***Journal of Therm. Biology***, 9:285-294.

LARKIN, P.J. (1987) O nível de calmodulina não é responsável pela tolerância ao alumínio no trigo. ***Australian Journal of Plant Physiology***, 14: 377-387.

LOWRY, O.; ROSEBROUGH, N.J.; FARR, A.L. et al. (1951) Protein measurements with folinphenol. ***Journal Biological Chemistry,*** 193 : 265275.

MCDONALD, M.B. (1999) Seed deterioration: physiology, repair and evaluation (Deterioração das sementes: fisiologia, reparação e avaliação). ***Ciência e Tecnologia das Sementes,*** 27: 177-237.

MAQAS, F. (1995). Allelopathy in the search for natural herbicide models, pp. 310-329, em Inderjit, M. M. Dakshini, e F. A. Einhellig (eds.). **Allelopathy:** Organisms, Processes, and Applications American Chemical Society, Washington DC.

MAXWEEL, D.P.; WANG, Y.; MCINTOSH, L. (1999) Alternative oxidase reduces mitochondrial reactive oxygen production in plant cells. ***Proc Natl***

Academic Science, USA 96: 8271-8276.

MITTLER, R. (2002) Oxidative stress, antioxidants and stress tolerance. ***Trends Plant Science***, 7 : 405-410.

NAVROT, N. ; ROUHIER, N. ; GELHAYE, E. ; JACQUOT, J.P. (2007) Reactive oxygen species generation and antioxidant systems in plant mitochondria. ***Physiologia Plantatrum***,129 : 185-195.

NAKANO Y. ; ASADA K. (1981) Hydrogen peroxide is scavenged by ascorbate-specific peroxidase in spinach chloroplasts. ***Planta Cell Physiology***, 22: 867-880.

NOCTOR, G.; FOYER, C.H. (1998) Ascorbate and glutathione: keeping active oxygen under control. ***Annual Rev. Plant Physiol. Plant Mol. Biology***, 49: 249279.

PERGO, E. M. ; ABRAHIM, D. ; SILVA, P. C. S. ; BRACHT, A. M. ; VOLL, E. ; ISHII-IWAMOTO, E. L. (2008) *Bidens pilosa* L. apresenta alta sensibilidade à cumarina em comparação com três outras espécies de gramíneas. ***Zeitschrift für chemische Ökologie***, 34 : 499-507.

PORTA, H. E ROCHA-SOSA, M. (2002) Plant lipoxygenases. Características fisiológicas e moleculares. ***Physiologie végétale***, 130 : 15-21.

PUNTARULLO, S.; GALLEANO, M.; SANCHEZ, R.A.; BOVERIS, A. (1988) Metabolismo do peróxido de hidrogénio em eixos embrionários de soja no início da germinação. ***Physiologie végétale,*** 86 : 626-630.

PUTNAM, A. R., E DUKE, W. B. (1974). Biological weed control: evidence for allelopathy in cucurbit accessions. ***Science*** 185:370-372.

PUTTER J. (1974) Les peroxydases. In: Bergmeryer HV (ed). Methods of enzymatic analysis. Verlag Chemie, Weinheim, Academic Press Inc, Nova Iorque, p. 685.

QUIAN, H.; CHEN, W.; LI, J.; WANG, J.; ZHOU, Z.; LIU, W; FU, Z. (2009) O efeito do óxido de azoto exógeno na atenuação dos danos induzidos por herbicidas em *Chlorella vulgaris*. ***Aquatic Toxicology***, 92 : 250-257.

REIGOSA, M. J., SOUTO, X. C., e GONZALEZ, L. (1999) Efeito de compostos fenólicos na germinação de seis espécies de infestantes. ***Regulação do Crescimento das Plantas***, 28:83-88.

ROMERO-ROMERO T. ; ANAYA, A.L. & CRUZ-ORTEGA R. (2002) Rastreio dos efeitos da variabilidade fitoquímica no modelo citoplasmático da síntese proteica em plantas cultivadas. ***Revue d'écologie chimique***, 28: 617-629.

ROMERO-ROMERO, T. ; SANCHEZ-NIETO, S. ; SAN JUAN-BADILLO, A. ; ANAYA, A.L. & CRUZ-ORTEGA, R. (2005) Efeitos comparativos do stress aleloquímico e hídrico nas raízes de *Lycopersicon esculentum* Mill. (Solanaceae). ***Ciência das Plantas***, 168 : 1059-1066.

SIEDOW, J.N ; MOORE, A.L. (1991) The regulation and nature of the cyanide-resistant alternative oxidase of plant mitochondria. ***Biocmimica et Biophysyca Ata***, 1059 : 121-140.

SIEDOW, J.N. & GIRVIN, M.E. (1980) Alternative respiratory pathways. ***Plant Physiology***, 65: 669-674.

SMITH, I. K. (1985). Stimulation of glutathione synthesis in photorespiratory plants by catalase inhibitors. ***Plant Physiology***, 79:1044-1047.

SPITELLER, G. (2003) A relação entre as modificações da parede celular, a peroxidação lipídica, a proliferação, a senescência e a morte celular. ***Physiologia Plantarum***, 119 : 5-18,

TEEM, D.H., HOVELAND, C.S. & BUCHANAN, G.A. (1980) Sicklepod (Cassia obtusifolia) e Co.ee senna (Cassia occidentalis): distribuição geográfica, germinação e emergência. ***Weed Science,*** 28: 68-71.

THALER, J.S. (1999) Induced resistance in agricultural plants: Effects of jasmonic acid on herbivory and yield of tomato plants. ***Enviromental Entomology***, 28: 30-37.

THURLOW, D.L. E BUCHANAN, G.A. (1972) Competição da foice com a soja. ***Ciência das ervas daninhas,*** 20: 379-384.

VAUGHN, S. F. E SPENCER, G. F. (1993). Monoterpenos voláteis como potenciais estruturas de base para novos herbicidas. ***Weed Science,*** 41:114-119.

VYVYAN, J. R. (2002). Allelochemicals as leads for new herbicides and agrochemicals. ***Tetrahedron,*** 58:1631-1646.

WAGNER, A.M.; KRAB, K. (1995) A via de respiração alternativa nas plantas: Papel e regulação. ***Physiologia Plantarum***, 95 : 318-325.

WEIR, T.L.; PARK, S-W. & VIVANCO, J.M. (2004) Mecanismos bioquímicos e fisiológicos mediados por aleloquímicos. ***Current Opinion in Plant Biology***, 7 : 472-479.

WU, H., PRATLEY, J., LEMERLE, D., e HAIG, T. (1999). Variedades de plantas com capacidades alelopáticas. ***Weed Research,*** 39:171-180.

QUADROS

Aleloquímica r[500 iM]	Tempo médio de germinação (t)		Velocidade de germinação (S)		Taxa de germinação acumulada (AS)	
	I. triloba	*S. obtusifolia*	*I. triloba*	*S. obtusifolia*	*I. triloba*	*S. obtusifolia*
Controlo	40.01±3.99	46.70±4.45	0.817±0.068	0.523±0.051	1.37±0.142	0.83±0.083
DMSO	34.67±1.96	44.71±2.96	0.785±0.068	0.485±0.031	1.31±0.030	0.81±.0.041
Ácido vanílico	32.55±2.56	49.88±2.88	0.736±0.011	0.431±0.024	1.27±0.017	0.69±0.046
ácido p-cumárico Ácido	37.48±2.86	52.51±3.95	0.709±0.036	0.339±0.070	1.21±0.058	0.51±0.112
Ácido protocatequico	47.94±4.84	49.34±1.30	0.747±0.113	0.450±0.042	1.16±0.136	0.67±0.047
Ácido ferúlico	39.553±.86	55.19±1.48	0.683±0.058	0.422±0.018	1.16±0.104	0.64±0.029
Ácido cafeico	33.57±1.56	50.43±3.69	0.778±0.028	0.384±0.037	1.39±0.044	0.57±0.041
Cafeína	41.32±2.28	46.40±3.74	0.761±0.033	0.403±0.024	1.28±0.064	0.66±0.042
Ácido acónico	37.14±2.79	53.43±4.05	0.724±0.052	0.410±0.050	1.27±0.094	0.62±0.091
Quercetina	38.21±1.09	50.77±1.54	0.729±0.064	0.330±0.029	1.25±0.117	0.55±0.050
Rutina	38.30±1.98	52.24±3.16	0.674±0.040	0.394±0.024	1.16±0.076	0.59±0.042
Cumarina	39.39±3.44	57.75±3.68*	0.549±0.050 *	0.224±0.005	0.95±0.083	0.33±0.029*
Eucaliptol	34.36±2.85	48.89±2.15	0.702±0.049	0.424±0.033	1.21±0.077	0.71±0.059
Cânfora	38.55±2.18	48.01±2.55	0.689±0.055	0.452±0.045	1.17±0.083	0.70±0.087
a-Pineno	42.13±3.57	48.49±2.20	0.710±0.033	0.396±0.031	1.19±0.068	0.65±0.059
Cal	34.65±1.61	45.54±5.41	0.814±0.029	0.476±0.065	1.38±0.031	0.77±0.117

Tabela 1: Tempo médio de germinação, taxa de germinação, taxa de germinação acumulada de *I. triloba* e *S. obtusifolia*. As sementes foram incubadas durante 24, 48 e 72 horas na presença de água (controlo), 1% (v/v) DMSO ou 500 pM de ácido vanílico, ácido p-cumárico, ácido protocatecuico, ácido ferúlico, ácido cafeico, cafeína, ácido aconítico, quercetina, rutina, cumarina, eucaliptol, cânfora, a-pineno ou limoneno. Os valores são apresentados como média ± SE e n=5. São indicadas as diferenças significativas entre as sementes tratadas e os respectivos controlos. *P < 0,05, ANOVA com teste de intervalo múltiplo de Duncan.

Aleloquímica [500 gM]	Germinação (%)		Comprimento da raiz (cm)		Comprimento do hipocótilo (cm)		Peso fresco da raiz / peso seco da raiz (rácio mg por raiz)		hipocótilo fresco / Peso seco do hipocótilo (mg em relação à raiz)	
24 horas	*I. triloba*	*S. obtusifolia*	*I. triloba*	*S. obtusifolia*	*I. triloba*	*S. obtusifolia*	*I. triloba*	*S. obtusifolia*	*I. triloba*	*S. obtusifolia*
Controlo	21.95±2.04	11.7±0.86	0.546±0.04	0.285±0.01	0.302±0.01	0.00±0.00	9.630±1.36	4.66±0.19	6.98±0.26	0.00±0.0
DMSO	22.33±1.54	10.3±0.58	0.514±0.05	0.350±0.04	0.274±0.01	0.00±0.00	9.780±1.20	5.60±0.11	6.86±0.20	0.00±0.0
Ácido vanílico	22.00±1.11	7.00±0.80	0.444±0.03	0.264±0.02	0.273±0.02	0.00±0.00	8.210±0.63	4.29±0.15	5.47±0.34*	0.00±0.0
Ácido p-cumárico	17.67±1.75	4.67±1.36*	0.440±0.04	0.248±0.04	0.333±0.03	0.00±0.00	8.660±0.73	3.79±0.53	5.59±0.56*	0.00±0.0
Ácido protocatequico	21.67±2.55	4.33±0.87*	0.566±0.02	0.256±0.03	0.280±0.01	0.00±0.00	10.64±0.76	4.31±0.57	6.62±0.31	0.00±0.0
Ácido ferúlico	18.00±1.63	5.00±0.63*	0.442±0.02	0.264±0.02	0.210±0.05*	0.00±0.00	8.720±0.66	3.73±0.56	6.84±0.48	0.00±0.0
Ácido cafeico	23.00±1.02	7.00±0.97*	0.510±0.03	0.254±0.02	0.294±0.02	0.00±0.00	10.01±0.96	5.58±2.37	6.48±0.36	0.00±0.0
Cafeína	22.50±1.32	6.67±0.71*	0.423±0.01*	0.305±0.03	0.258±0.01	0.00±0.00	8.460±0.36	4.71±0.50	6.76±0.24	0.00±0.0
Ácido acónico	19.67±1.72	5.00±0.84*	0.594±0.05	0.268±0.02	0.290±0.02	0.00±0.00	11.20±1.65	4.90±1.02	6.17±0.42	0.00±0.0
Quercetina	23.00±2.27	3.67±0.74*	0.500±0.03	0.210±0.05	0.274±0.01	0.00±0.00	9.970±1.06	3.97±0.45	5.92±0.36	0.00±0.0
Rutina	20.33±1.66	7.00±1.10*	0.552±0.05	0.264±0.02	0.282±0.02	0.00±0.00	12.28±1.27	4.90±0.60	6.57±0.34	0.00±0.0
Cumarina	17.33±0.98	0.00±0.00*	0.286±0.02*	0.000±0.00*	0.126±0.05*	0.00±0.00	6.110±0.56	*0 .00±0.00*	4.65±1.58	0.00±0.0
Eucaliptol	22.33±1.21	8.33±0.84	0.570±0.06	0.308±0.02	0.268±0.01	0.00±0.00	10.80±1.10	5.50±0.96	6.41±0.17	0.00±0.0
Cânfora	20.33±1.66	8.33±1.38	0.484±0.03	0.326±0.02	0.288±0.02	0.00±0.00	9.040±0.62	5.56±0.39	6.66±0.36	0.00±0.0
a-Pineno	19.17±1.19	5.83±0.65	0.548±0.04	0.320±0.08	0.265±0.03	0.00±0.00	10.23±0.43	5.23±0.87	6.81±0.38	0.00±0.0
Cal	25.42±1.32	9.58±1.80	0.483±0.03	0.385±0.03	0.265±0.02	0.00±0.00	9.570±0.41	6.10±0.34	6.16±0.59	0.00±0.0

Quadro 2: Percentagem de germinação, comprimento da raiz, comprimento do hipocótilo, relação entre o peso fresco e o peso seco das raízes e entre o peso fresco e o peso seco do hipocótilo de *I. triloba* e *S. obtusifolia.* As sementes ***foram*** incubadas durante 24 horas na presença de água (controlo), 1% (v/v) DMSO ou 500 pM de ácido vanílico, ácido p-cumárico, ácido protocatecuico, ácido ferúlico, ácido cafeico, cafeína, ácido aconítico, quercetina, rutina, cumarina, eucaliptol, cânfora, a-pineno ou limoneno. Os valores são apresentados como média ± SE, n=5. São indicadas as diferenças significativas entre as sementes tratadas e os respectivos controlos. *P < 0,05, ANOVA com teste de intervalo múltiplo de Duncan.

Aleloquímica [500 gM]	Germinação (%)		Comprimento da raiz (cm)		Comprimento do hipocótilo (cm)		Raiz FW / Raiz DW (rácio mg por raiz)		FW do hipocótilo / Hipocótilo DW (mg em relação à raiz)	
48 horas	*I. triloba*	*S. obtusifolia*	*I. triloba*	*S. obtusifolia*	*I. triloba*	*S. obtusifolia*	*I. triloba*	*S. obtusifolia*	*I. triloba*	*S. obtusifolia*
Controlo	32.50±2.53	23.33±3.08	1.43±0.01	0.41±0.02	1.16±0.14	0.53±0.04	14.56±0.57	10.85±0.61	11.67±0.85	8.40±0.35
DMSO	29.17±3.18	26.25±0.75	1.49±0.09	0.53±0.01	1.09±0.06	0.57±0.03	15.68±0.37	13.23±0.23	11.70±0.45	8.96±0.59
Ácido vanílico	35.42±1.49	24.58±0.85	1.04±0.07*	0.36±0.02	1.08±0.08	0.48±0.03	14.44±0.56	10.81±0.53	11.23±0.47	7.74±0.22
Ácido p-cumárico	35.83±1.94	20.00±3.98	0.96±0.07*	0.32±0.01	1.31±0.09	0.40±0.02	12.95±0.33	9.690±0.79	11.69±0.26	7.31±0.41
Ácido protocatequico	25.00±1.87	30.00±3.03	1.22±0.07	0.41±0.02	1.41±0.13	0.47±0.02	13.95±0.55	12.41±1.27	12.41±0.20	8.03±0.15
Ácido ferúlico	29.58±2.69	21.25±1.11	0.98±0.06*	0.42±0.03	1.09±0.06	0.46±0.04	12.63±0.72	10.32±0.34	10.66±0.36	7.36±0.08
Ácido cafeico	37.92±1.75	16.25±3.12	1.24±0.03	0.40±0.03	1.18±0.11	0.47±0.04	14.21±0.38	10.61±0.83	11.72±0.40	8.08±0.44
Cafeína	31.25±2.84	22.50±1.71	1.11±0.05*	0.41±0.03	1.29±0.06	0.52±0.05	14.37±0.14	13.83±3.70	12.61±0.14	10.66±2.22
Ácido acónico	32.92±0.85	19.58±3.20	1.26±0.04	0.41±0.07	1.20±0.10	0.47±0.02	14.30±0.48	8.733±1.48	11.34±0.46	6.58±1.07
Quercetina	35.83±1.56	22.08±1.65	1.12±0.08*	0.39±0.03	1.00±0.05	0.49±0.04	12.79±0.53	10.47±0.37	10.83±0.27	7.95±0.19
Rutina	30.00±1.68	15.83±2.53	1.29±0.15	0.42±0.06	1.19±0.14	0.58±0.10	13.42±1.10	10.89±1.09	12.25±1.09	8.19±0.46
Cumarina	22.08±1.32	12.92±1.97*	0.57±0.08*	0.25±0.02*	0.57±0.04*	0.40±0.05*	13.98±0.97	8.580±0.64*	10.62±0.14	8.24±0.71
Eucaliptol	32.08±1.25	21.25±1.11	1.26±0.08*	0.47±0.03	1.00±0.08	0.53±0.05	13.79±0.60	11.60±0.56	11.05±0.49	8.12±0.23
Cânfora	34.58±1.65	24.17±2.36	1.10±0.05*	0.50±0.03	0.78±0.09*	0.49±0.03	13.91±0.46	12.73±1.03	9.760±0.77*	8.18±0.24
a-Pineno	31.25±2.25	21.67±2.04	1.16±0.07*	0.43±0.02*	1.01±0.05	0.54±0.07	12.85±0.39*	10.76±0.67*	10.75±0.30	8.45±0.39
Cal	37.50±2.40	20.42±1.97	1.24±0.07*	0.44±0.02*	0.98±0.05	0.53±0.03	12.95±0.57*	11.11±0.25*	10.63±0.43	8.36±0.24

Quadro 3: Percentagem de germinação, comprimento da raiz, comprimento do hipocótilo, relação entre o peso fresco e o peso seco das raízes e entre o peso fresco e o peso seco do hipocótilo de *I. triloba* e *S. obtusifolia*. As sementes foram incubadas durante 48 horas na presença de água (controlo), 1% (v/v) DMSO ou 500 pM de ácido vanílico, ácido p-cumárico, ácido protocatecuico, ácido ferúlico, ácido cafeico, cafeína, ácido aconítico, quercetina, rutina, cumarina, eucaliptol, cânfora, a-pineno ou limoneno. Os valores são apresentados como média ± SE, n=5. São indicadas as diferenças significativas entre as sementes tratadas e os respectivos controlos. *P < 0,05, ANOVA com teste de intervalo múltiplo de Duncan.

Aleloquímica [500 gM]	Germinação (%)		Comprimento da raiz (cm)		Comprimento do hipocótilo (cm)		Raiz FW / Raiz DW (rácio mg por raiz)		FW do hipocótilo / Hipocótilo DW (mg em relação à raiz)	
72 horas	*I. triloba*	*S. obtusifolia*	*I. triloba*	*S. obtusifolia*	*I. triloba*	*S. obtusifolia*	*I. triloba*	*S. obtusifolia*	*I. triloba*	*S. obtusifolia*
Controlo	33.88±3.01	28.62±2.00	2.16±0.14	0.63±0.04	3.11±0.14	1.19±0.12	15.90±0.50	11.58±1.26	17.87±0.40	12.81±0.76
DMSO	37.00±0.49	30.67±2.10	1.98±0.17	0.69±0.02	2.92±0.30	1.23±0.06	16.23±1.69	12.91±0.76	18.76±2.31	12.38±0.86
Ácido vanílico	28.33±0.89	30.67±3.33	1.63±0.17*	0.64±0.06	2.86±0.34	1.17±0.12	14.39±0.87	12.51±0.28	16.54±1.15	11.38±0.33
Ácido p-cumárico	33.00±1.53	24.67±1.10	1.33±0.15*	0.58±0.03	2.18±0.22*	0.93±0.12	13.46±0.51	12.11±0.50	14.24±0.89*	10.19±0.64
Ácido protocatequico	35.67±2.77	28.33±1.90	1.91±0.15	0.66±0.05	2.84±0.24	1.29±0.21	14.70±0.66	12.60±0.41	16.84±0.72	11.53±1.02
Ácido ferúlico	32.67±2.32	33.67±1.60	1.34±0.11*	0.50±0.01	2.28±0.25*	0.92±0.06	12.92±1.00	11.79±1.03	12.72±0.79*	9.610±0.67
Ácido cafeico	36.00±1.63	22.67±1.81	1.60±0.43*	0.66±0.06	2.95±0.20	1.09±0.13	14.42±0.41	12.00±0.96	17.03±1.34	10.90±0.49
Cafeína	38.75±1.65	25.83±1.85	1.41±0.13*	0.58±0.03	2.83±0.30	1.16±0.08	13.89±0.61	12.56±0.38	15.99±0.98	11.60±0.12
Ácido acónico	38.00±1.28	30.00±1.41	1.70±0.09	0.61±0.07	2.86±0.11	1.04±0.07	14.79±0.68	13.23±0.85	16.67±0.84	11.62±0.57
Quercetina	36.00±1.81	27.00±2.27	1.53±0.20*	0.53±0.04	2.32±0.24	1.15±0.18	13.50±1.32	12.65±2.02	14.70±0.97	12.93±2.82
Rutina	33.33±1.27	24.67±1.60	1.77±0.20	0.59±0.05	2.93±0.34	1.14±0.14	13.39±2.32	13.80±1.29	17.83±1.60	12.77±1.46
Cumarina	29.00±1.25	21.00±0.81	0.75±0.04*	0.40±0.03*	2.03±0.14*	0.88±0.08*	16.35±1.13	13.42±1.38	18.59±1.19	12.95±1.45
Eucaliptol	30.67±1.94	29.67±1.99	1.80±0.25	0.56±0.03*	2.63±0.16	1.10±0.11	15.88±1.10	12.77±1.14	16.63±0.67	11.27±1.15
Cânfora	31.67±1.93	26.33±2.80	1.75±0.20	0.63±0.05	2.71±0.11	1.03±0.09	15.11±0.97	13.20±0.61	16.45±1.76	12.03±2.48
a-Pineno	38.33±1.58	27.50±1.19	1.42±0.14	0.52±0.02*	2.32±0.05	1.16±0.16	13.07±0.43	11.07±0.58	14.32±0.28	11.43±0.89
Cal	32.50±1.26	32.50±2.53	1.67±0.22	0.55±0.03*	2.63±0.30	1.12±0.10	10.07±2.93*	11.71±0.28	15.22±0.61	10.73±0.30

Quadro 4: Percentagem de germinação, comprimento da raiz, comprimento do hipocótilo, relação entre o peso fresco e o peso seco das raízes e entre o peso fresco e o peso seco do hipocótilo de *I. triloba* e *S. obtusifolia.* As sementes foram incubadas durante 72 horas na presença de água (controlo), 1% (v/v) DMSO ou 500 pM de ácido vanílico, ácido p-cumárico, ácido protocatecuico, ácido ferúlico, ácido cafeico, cafeína, ácido aconítico, quercetina, rutina, cumarina, eucaliptol, cânfora, a-pineno ou limoneno. Os valores são apresentados como média ± SE, n=5. São indicadas as diferenças significativas entre as sementes tratadas e os respectivos controlos. *$P < 0,05$, ANOVA com teste de intervalo múltiplo de Duncan.

Aleloquímica [500 gM]	Glutatião reduzido (GSH) (gmol g raiz FW-1)		Glutatião oxidado (GSSG) (gmol g raiz FW-1)		GSH : GSSG Relatório		MDA (nmol g raiz FW-1)	
48 horas	I. triloba	S. obtusifolia	I. triloba	S. obtusifolia	I. triloba	S. obtusifolia	I. triloba	S. obtusifolia
Controlo	0.121±0.02	16.16±1.34	0.265±0.02	4.566±0.474	0.461±0.01	3.883±0.724	5.224±0.22	14.94±1.83
a-Pineno	0.165±0.03	20.90±2.32	0.268±0.02	4.556±0.301	0.628±0.13	4.617±0.426	7.408±0.42 *	18.94±3.35
Cumarina	0.110±0.01	20.31±2.68	0.253±0.01	4.648±0.554	0.433±0.06	4.427±0.437	5.796±0.24	13.94±1.30
Quercetina	0.140±0.02	21.54±2.95	0.278±0.01	4.855±0.884	0.499±0.07	4.978±0.872	6.521±0.41	13.65±0.65
Ácido ferúlico	0.147±0.02	23.44±2.72	0.279±0.01	4.508±0.628	0.524±0.08	5.524±0.694	6.354±0.37	16.61±1.64

Tabela 5: Os efeitos de 500 gM de a-pineno, cumarina, quercetina ou ácido ferúlico no conteúdo de glutationa reduzida e oxidada, relação GSH/GSSG e malondialdeído em raízes de I. triloba e S. obtusifolia,. As sementes foram incubadas durante 48 h na presença de água (controlo) ou 500цM a-pineno, cumarina, quercetina e ácido ferúlico. Os valores são expressos como média ± SE e n=5. São indicadas as diferenças significativas entre as sementes tratadas e os respectivos controlos.

*P < 0,05, ANOVA com teste de intervalo múltiplo de Duncan.

Controlo ii a-pineno i i cumarina

i i Quercetina i i Ácido ferúlico

B, respiração insensível ao KCN

C, respiração sensível ao KCN

Figura 1: Efeitos de 500 pM de a-pineno, cumarina, quercetina ou ácido ferúlico na taxa de respiração total (A), respiração insensível ao KCN (B) e respiração sensível ao KCN (C) em raízes primárias de mudas de I. triloba e S. obtusifolia. As plântulas foram cultivadas por 48 h na ausência ou presença de a-pineno, cumarina, quercetina e ácido ferúlico (concentração 500 цM). Todos os valores são as médias de 4 ou 5 experiências independentes. As barras de erro são SE. Diferenças significativas entre plântulas tratadas com aleloquímicos e não tratadas foram determinadas por ANOVA com teste de Duncan (*P<0,05).

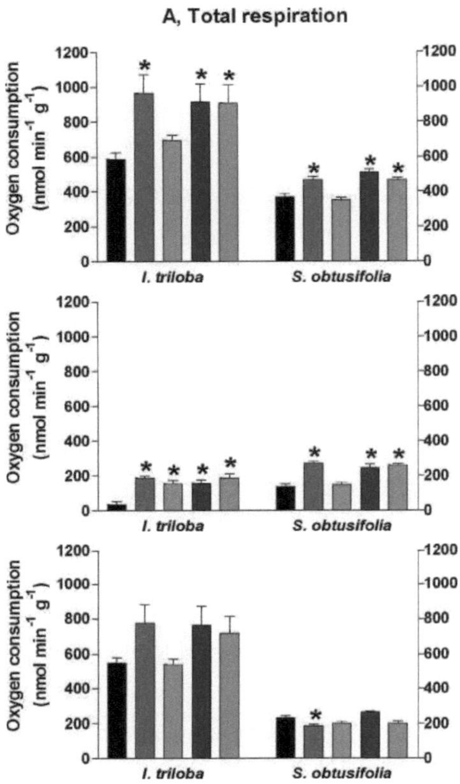

A, superóxido dismutase

B, ascorbato peroxidase

E, peroxidase

D, catalase

Figura 2: Efeitos de 500 μM de a-pineno, cumarina, quercetina ou ácido ferúlico sobre a atividade da SOD (A), atividade da APX (B), atividade da GR (C), atividade da CAT (D), atividade da POD (E) e atividade da LOX (F) em raízes de plântulas de I. triloba e S. obtusifolia. As plântulas foram cultivadas por 48 h na ausência ou presença de a-pineno, cumarina, quercetina e ácido ferúlico (concentração 500 μM). Todos os valores são as médias de 4 ou 5 experiências independentes. As barras de erro são SE. Diferenças significativas entre plântulas tratadas com aleloquímicos e plântulas não tratadas foram determinadas por ANOVA com teste de Duncan (*P<0,05).

F, lipoxigenase

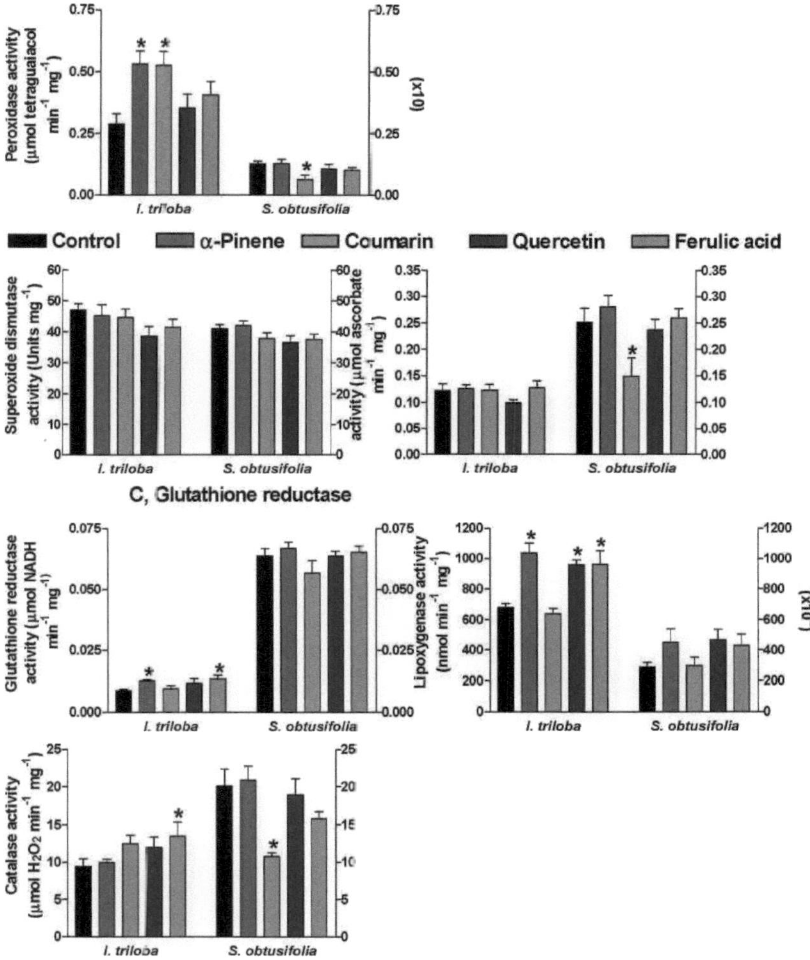
Peroxidase activity (µmol tetraguaiacol min-1 mg-1)
(x10)
Control
α-Pinene
Coumarin
Quercetin
Ferulic acid
Superoxide dismutase activity (Units mg-1)
activity (µmol ascorbate min-1 mg-1)
C, Glutathione reductase
Glutathione reductase activity (µmol NADH min-1 mg-1)
Lipoxygenase activity (nmol min-1 mg-1)
(x10²)
Catalase activity (µmol H2O2 min-1 mg-1)
I. triloba
S. obtusifolia

MIX
Papier aus verantwortungsvollen Quellen
Paper from responsible sources
FSC® C105338

Printed by Books on Demand GmbH, Norderstedt / Germany